動物の権利・人間の不正

Animal Rights, HUMAN WRONGS

道徳哲学入門

Tom Regan
トム・レーガン 著
井上太一 訳

緑風出版

ANIMAL RIGHTS, HUMAN WRONGS
AN INTRODUCTION TO MORAL PHILOSOPHY
by Tom Regan

謝辞

二〇〇一年、ローマン&リトルフィールド社から『動物の権利論争』が出版された。同書で私は動物の権利の擁護論を唱え、哲学者のカール・コーエンは反対論を唱えた。本書はこの前著に寄稿した内容を見直し膨らませたものである。刊行まで本書の担当に就いてくれたローマン&リトルフィールドの編集者にして哲学者であるイブ・ドヴァロにお礼申し上げる。レズリー・エバンスに負うところも大きい。彼女の入念なチェックのおかげで本書は当初より遥かに読みやすくなった。最後に、『動物の権利論争』を含む叢書の共同編集者、ジェームズ・スターバに謝意を伝えなかったら、怠慢のそしりを免れないだろう。

シドニー・ジェンディン、ディートリッヒ・フォン・ホグウィッツは、本書の制作中に有用な批評を寄せてくれた。感謝されない仕事と思われがちな両氏の貢献に対し心からの感謝を申し添える。マリオン・ボルツは例によって書式に関しきめ細かく私の意向を尋ねてくれた。ここに深謝の意を表したい。そしていつもながら、妻ナンシーに負っているものの大きさは計り知れない。仕事時間の大半を割いて、同じページを何度も何度も執念深く書き直し、全ての文、全ての言葉を「妥当」にしようとドン・キホーテ的な挑戦を続ける人物と暮らすのは、決して楽しくはないだろう。忍耐をはじめ、見返りを求めずナンシーが与えてくれる数々の恩恵に対し、ありがたみを噛み締めない日は一日とてない。

動物の権利、人間の不正（仮題）◎目次

第三章　権利の性質と重要性 51

第六章　人間の権利　125

序論

ある人々は（私も含め）、様々な人間以外の動物たちに権利があると強く確信している。他の人々はそれに劣らず、動物には権利がないと強く確信している。両陣営の周りに漂う白熱した空気は、中絶や積極的差別是正措置など、論争を呼ぶ他の道徳問題を髣髴《ほうふつ》させる。動物の権利に関し、あるともないとも強く確信しない人々（奇《く》しくも大多数の人々）にとっては、どう考えればよいのか分からない。私はこの問題について一つの手引きを与えられたらと思う。

動物の権利否定派は、肯定派を不合理・感情的・反科学・人間嫌いなどと語ることが多い。これらの形容は少数の人々には当てはまるかもしれないが、動物の権利擁護派の大多数には当てはまらない。少なくともそれが動物の権利擁護に三〇年以上関わってきた経験から言えることである。

本書の議論は、不合理で人間嫌いで大なり小なり感情的に偏った動物の権利擁護派、というステレオタイプに挑む一種の反論となる。戦略は単純である。難問を投げかけ、考えられる可能性を探り、最善の答を見つけ出す。そしてその答が何を示唆するかを確かめる。この戦略に則れば、私たちは論理にしたがって素朴な結論に至るだろう――多くの人間以外の動物は権利を有する、と。

道徳理論では私たちが直面するいくつかの悩ましい問題が姿を現わす。道徳理論家たちは種々様々な問いを立てるが、中でも二つはとりわけ重要な位置を占める。第一に、善の行ないは何によって善になるのか。第二に、悪の行ないは何によって悪になるのか。理論家が異なれば答も異なる。その相違にもかかわらず、全ての理論は誰が道徳的地位を有するか（誰が道徳的に配慮されるべきか）について、何かしらの主張を掲げる。例えばある道徳理論家たちは、人間の全てが、そして人間のみが、道徳的地位を有すると論じる。もしこれが本当なら、人間以外の動物たちにとっては悲報である。その場合、人間以外の動物たちに道徳的な価値は一切ない。他の道徳理論家たちは、情感ある存在（喜びと痛みを経験できる存在）の全てが、そしてそうした存在のみが、道徳的地位を有すると論じる。もしこれが本当で、かつ一部の動物（例えば猫や犬）が情感ある存在であるなら、その動物たちにとっては朗報である。その場合、この動物たちには一定の道徳的な価値がある。

一つ分かっていることがある。この二つの考え方は、ともに真ではありえない。猫や犬が道徳的地位を有するのであれば、人間のみが道徳的地位を有するという命題は真になりえない。また、人間のみが道徳的地位を有するのであれば、猫や犬が道徳的地位を有するという命題は真になりえない。ではどちらかが真である場合、どちらが真なのか。この問いの答に合理的な論拠を与えたら道徳哲学になる。本書ではこれからたっぷり道徳哲学の議論を行なう。

探究する難問のいくつかを挙げよう。

- 人間の全てが、そして人間のみが、道徳的地位を有するのか。
- 情感ある存在の全てが、そしてそうした存在のみが、道徳的地位を有するのか。
- 善の行ないは何によって善になるのか。
- 悪の行ないは何によって悪になるのか。
- 道徳的権利とは何か。
- 全ての人間は道徳的権利を持つのか。
- 人間以外で道徳的権利を持つ動物はいるのか。

いずれの問いも、可能な答は一つではない。これは驚くに当たらないだろう。物理や憲法に関わる難問でも、可能な答は一つではない。道徳的な難問は別だという理由があるだろうか。というわけで、私たちは問いをめぐる対立的な答を見つけるのに加え、そのいずれが最良の理由ないし最良の議論に支えられているかを判断する必要がある。これを十全に行なえば、それだけ私たちの道徳哲学は充実したものとなる。その意味で、これから始める動物の権利の探究はとりわけ、道徳哲学全体の事始めとして役立つ。

道徳哲学は単なる理論ではなく、実践的な意味をはらんでいる。つまり、私たちは理論の問いに向き合うだけでなく、実践の問いにも向き合わなければならない――中でも次の問いに。

動物が道徳的権利を有するか否かによって、何の違いが生じるのか。

以降でみるように、動物の観点からするとこれ以上に重要な問いはない。もし動物が権利を有さないなら、人間による動物搾取（食用や衣服用のそれなど）は、どのような形のものであろうと原理的に悪とはならず、その形でいつまで搾取を続けようと悪にはなりえない。他方、もし動物が権利を有するなら、あらゆる形の動物搾取は原理的に悪となり、いずれも即刻廃止されなければならない。動物が権利を有するか有さないかは、実にこれほど明確で、これほど根本的な違いを生む。動物の観点からみてこれ以上に重要な問いがないゆえんである。

また、この問いが私たちにとって持つ意味も過小評価してはならない。動物を食用で育てること、毛皮目的で捕らえること、研究の道具として使うことが、かれらの権利侵害に当たるなら、私たちは生き方を変更する義務を負い、その範囲は食べるもの（ないし食べないもの）から着るもの（ないし着ないもの）にまでおよぶ。道徳哲学の問いは日常生活の送り方に関わってくるが、私見では動物の権利をめぐる議論ほどこの事実を明確に物語る例はない。なるほど中絶や医師の自殺幇助《ほうじょ》といった問題も大きな実践的意味を持ち、私たちが何らかの重大な決定（中絶をするかしないかなど）を迫られたとしたらどうすべきかを問う。が、動物の権利という問題は、私たちが食事の席に就くたびに、あるいは新しいコートを買いに行くたびに、何をすべきかを問う。動物の権利は挑戦的な探究課題であり、私たちはその問いを通して、最も日常的な選択、この世界での日々の暮らし方に関する、道徳的な行動一覧をつくることになる。

初めに述べた通り、私は動物に権利があることを心から確信する者の一人である。ただしこの強い確信はやみくもな感情、あるいは理性の軽視にもとづくのではなく、まして人間嫌いに由来するのでもない。私が動物の権利を信じるのは、その権利を認める道徳理論が、それを認めない理論よりも、理性的に考えてより満足のいくものだからである。もしこの確信が当たっているなら、道徳理論の構築という大変な知的作業は、さらに厄介な実践的課題へと行き着く――私たちはどのような生き方をすれば他の動物の権利を尊重できるのか。答の一端は第九章で示す。より完全な答は、本書の姉妹編として書いた拙著『空《から》の檻――動物の権利の課題に向き合う』、ならびに各章の注釈で紹介する関連資料、および www.tomregan-animalrights.com〔現在閉鎖〕で閲覧できる資料にまとめてある。道徳哲学は動物の権利について考えるための一出発点にはなるが、そこから先へ進んで動物の権利に適った生活を送ろうとすれば、別の情報源が求められる。

第一章

無関心から擁護へ

私は動物の権利の擁護派であり、動物の権利運動に参加している。この運動は私が理解するかぎり、廃絶主義の志向を持つ。動物の権利運動は動物搾取のあり方を改め、人の行ないを人道的にすることをめざすのではなく、当の搾取の廃絶をめざす。完全になくす、ということである（なお、私は基本的に「動物」という語で人間以外の動物を指す日常用法にしたがうが、人間も動物であるという点は指摘しておく）。より具体的にいえば、運動の目標は次のようなものとなる。

- 商業的畜産業の全廃。
- 毛皮産業の全廃。
- 科学における動物利用の全廃。

このような廃絶主義の目標を急進的、さらには過激とみる人々がいるのは百も承知である。いくつかの出来事と、良い時期に得た様々な人々からの影響がなければ、私も同じように考えたかもしれない。ここで私の来歴について少し話したい。それはこの話が風変わりだからではなく（実際そんなことはない）、これが最後の章で扱う問いに関係しているからである。

私はペンシルベニア州ピッツバーグに位置する労働者階級の居住区で生まれ育った。教育を受けられるのは贅沢で、地域に暮らす年配の人々にはその余裕がなかった。私の両親は一四歳の頃に学校をやめ、兄弟姉妹とともに、あくせく働いて生計を立てる家族の手伝いをした。父と母が結婚して間もなく、アメリカは大恐慌を迎えた。仕事は乏しく、労賃も少なく、両親は節約と貯蓄に努めることで生き延びた。このひどく困難な時期が両親の人格形成に影響した。父が定職を得て五〇年が過ぎた後も、両親はなお大恐慌が続いているかのような生活を送っていた。

特売品を買うことには父も母も余念がなかったが、食は二人が自分に許した贅沢の一つだった。大黒柱であることを誇りに思う父は、食卓に何を載せられるかで自分の成功度を推し測っていた。父にとって――母も同様だったが――肉は食べもの以上のもの、成功の象徴だった。恐慌時代に貧しい人々が買えなかったものを、今の自分たちが食べられるということは、両親にとってアメリカン・ドリームの暮らしを送っている証だった。肉は多くの食事で中心を占めた――日曜日の朝食はベーコンかハム、昼食は大抵サラミかボローニャソーセージか他のランチョンミートのサンドイッチ、夕食は牛肉の蒸し焼き、豚の切り身、鶏肉、時には子羊の腿肉《ももにく》、そして感謝祭の宴《うたげ》は丸々した大きな胸の七面鳥という献立だった。私の生い立ちを振り返ると、食の倫理に関する問いは、答える答えない以前に思い浮かびもしなかった。私は伝統に漬かった食生活を送っていた。大学の学費を工面するために金を稼ぐ必要が生じた時は、肉屋で働いて何の道徳的な不快感も催さなかった。当時の私は肉さばきを血なまぐさいとは思わなかった——血反吐が出るほど大変だったというだけで。

ファッション——上流階級風にお洒落をすること——は、昔も今も将来も眼中にない。といってもこれは外見が全く気にならないからではない。長い年月の中で私は先細ズボンからラッパズボン、ミスターB、ボタンダウン、ペニーローファー、ローカットスニーカーまで、何でも「お洒落」のつもりで身に付けた。しかしオートクチュールは昔も今も将来も縁のない代物である。なので当然、毛皮などというものも、わずかな例外を除いて接点がなかった。

そのわずかな例外の際も、私は主として毛皮を着る者ではなく見る者の立場だった。ピッツバーグの冬は寒い。身近にいた何人かの年上女性らにとっては、寒い天気といえば毛皮の出番と決まっていた。二人の叔母はすぐにも狐の肩掛けを羽織りたがった。教会に通ういくらかの女性たちは人目を惹くファッションを好み、ブルーカラーの信者に安ものの毛皮を見せびらかしつつ、悠然と通路を歩いてはっきりそれと分かる防虫剤の匂いを振りまいた。このいずれも、私はいわば遠くから、球技を観戦するように眺めるだけだった。それからだいぶ経って、妻のナンシーに自分が抱く愛の大きさを伝えようと思った時に、垢抜けたミンクの帽子を買った。ナンシーの装いは魅惑的で、アカデミー賞をとった映画『ドクトル・ジバゴ』に現われるジュリー・クリスティのようだった。一つだけ悔しかったのは、ロング丈のミンクコートを買ってあげられなかったことである。美しい女性には毛皮がふさわしい。ミンクはそのために存在する。少なくともそれが当時の私の考えだった。

高校・大学では生物学を履修し、生徒たちは動物の解剖をやらされた。道徳的な異議を唱えようと思ったことは一度もなく、他の生徒らも、何も言わなかったところからすると、そんなことは思いつかなかったのだろう。二つの実習で手間取ったのを覚えている。一つは虫の解剖、もう一つは蛙のそれだった。不器用な手技で出来上がったものをみると、私にこの方面の道具を使いこなす才能がないのは明らかだった。ぐちゃぐちゃにしたということで、成績はCだったと思う。配られる標本の臭いや指に残るぬるぬるが嫌だったのは確かである。が、雑なメスさばきの餌食となる死んだ生きものたちには何の憐れみも抱かなかった。この時期の私にとって、虫や蛙はゴム粘土の塊に等しかった。

初めの一歩

そうしたわけで、若い頃の私の動物に関する信念や態度には、ほとんど見るところがない。実のところ、倫理と動物について考え始めたのはずっと先、哲学の卒業研究を終えてノースカロライナ州立大学の教員になった後のことである。当時ベトナム戦争が起こり、同世代の大勢、それにもちろんさらに多くの大学生らが、精力的な抗議を行なった。ナンシーと私も例外ではない。幾人かの仲間とともに、私たちはアメリカの介入をやめさせるノースカロライナ州の草の根組織「戦争に反対するノースカロライナ州民の会」を立ち上げた。

この時、戦争と暴力一般の問題は哲学的探究に値するテーマなのではないかという閃《ひらめ》きが頭をよぎった。そこでまず紐解いた資料の一つが、インドの偉大な平和主義者マハトマ・ガンディーの著作群だった。なんと運命的な選択だろう！　というのも、ガンディーは挑戦を突き付けてきたからである――同じ不必要な暴力でも、ベトナム戦争のように人間が犠牲者となる時には反対しつつ、動物が犠牲者となる時には加担するという私の振る舞いは、どうすれば整合性がとれるのか、と。何のかのと言っても、レーガン宅の冷蔵庫には死んだ動物の肉片が眠り、私の食卓にはほぼ毎日その調理した遺体が並ぶ。私のように動物を食べること、「肉」を食べることは、紛れもなく屠殺の応援であり、それは恐ろしい暴力的な死に方に違いない。そのことをじかに知ったのは、強い拒否感を覚えながらも、後に豚・鶏・牛のむごい最期を目にした時である。

加えて、栄養について学んだ知識に照らしても、健康のために動物の肉を食べる必要がないことは分かっていた。したがって論理は至極明瞭だった――食べるために動物を暴力的に屠殺する必要はない。私のフォークはナパーム弾と同じく、暴力の兵器なのだろうか。私は倫理的理由から菜食主義者《ベジタリアン》になるべきなのか。それは受け入れたくない考えだった。変化は、特に生涯の習慣を変えることになる場合、喜んで迎え入れる気にはなれない。そこで私はあらゆる理性的人間がするであろうことをした。自分を心底悩ませる問題と折り合いをつけることはやめようとしたのである。

代わりに私は、より大きな、個人を名指さない問題に没頭した――資本主義の公正、文明の未来、核による滅亡の危機など。しかし悩ましい道徳的矛盾の感覚から逃れる安息の場を探し求めても、ガンディーの亡霊は暗い無意識の奥底に留まり、立ち去ろうとしなかった。良心の葛藤は、それがないかのように振る舞っても解消されはしない。

ガンディーはもう一つの教えをくれたが、これも放置された傷のようにじわじわ効いてきた。人々は三人称の倫理に生きることを苦にしない。つまり、彼や彼女やあれは間違った行ないをしでかしている、やめるべきだ、と言うのはたやすい。学界人はこうした形で世を倫理的に論評する技に長《た》けている。私たちは何もせずに、X大統領やY上院議員の行ないは目に余る、などといかめしく論じることを好む。そして気分が高揚すると、事務所の扉に痛烈な諷刺漫画を貼るようなことさえする。ところが学界人は一般の大勢と同じく、一人称の倫理に生きるのが苦手である。この世で最も難しいのは、私が間違った行ないをしでかしている、私がそれをやめなければならない、と認めることである。

これは私の生きざまが証明していた。当時の私は、アメリカ政府が間違った行ないをしでかしているという理由で街路を行進していた。当時の私は、政府が不正な戦争をやめるべきだと叫んでいた。ところが当時の私は、家の私空間で依然として伝統に漬かった食生活を送り、肉汁あふれる分厚いレアのステーキを堪能していた。ガンディーはこのあり方をひっくり返した。倫理は一人称から、つまりこの場合は、私から始まる。教訓は何か？　私は世界を変える仕事に取りかかる以前に、自分の生活を道徳に適うものとしなければならない。

奇しくもちょうどこの時期に、ナンシーと私は特別な友の死に直面した。結婚して間もなくの頃、まだ子供たちをもうける前に、私たちは素晴らしい犬と生活をともにすることにした。一三年にわたり、グレコと名付けたその犬は忠実な伴侶であり続けた。そしてある日、彼は死を迎えた。永遠の別れだった。ナンシーと私の嘆きは計り知れなかった。涙も止まらなかった。私たちは取り乱し、大きな喪失感に悩まされた。

ガンディーの著作を読んで、私はインドの人々が牛を食べることに強い嫌悪を覚えると知った。そして、自分が猫や犬に関し同じように感じると気づいた。私は絶対に猫や犬を食べることはできない。ならばなぜ牛や豚、鶏や七面鳥を食べることは正当化できるのか。道徳的な善悪とは、単にめいめいの文化圏の伝統で善い、または悪いとされるものをいうのか。それが私の考えでないことは分かる。では人々が感情的に善い、または悪いと思うものをいうのか。それが私の考えでないことも分かる。とするとなぜ私は牛や豚に対し、猫や犬の場合とは別の感情を抱くのか。本当に感情が真っ直ぐなら、前者の動物たちにも共感や思いやりを抱くのではないか。考えを突き詰めていくと、何かを捨てなければならないという確信が強まった。私は伴侶動物のしかるべき扱いに関する信念や感情を改めるか、さもなければ畜産利用される動物の扱いに関する信念や感情を改めなければならない。結局、板挟みを迂回する道が見つけられず――そして正直に言うと、古い習慣の力とラムチョップやフライドチキンや網焼きステーキの誘惑に勝てない私は、そうした迂回路を何としても見つけたいと願ったが——、最終的に後者の選択肢をとった。

というわけで、私が自分の口にする食べものについて倫理的な問いを抱いたきっかけは、第一にガンディーの生涯と思想、第二に四つの足を持った友なる犬の生と死、この組み合わせだった——古典的な頭と心の組み合わせである。三〇年ほど前に至ったこの結論から、私は卵乳菜食主義者〔卵と乳製品を食べる菜食主義者〕になるという決意を固め、動物倫理学の領域に関する最初期の学術刊行物でこの立場を擁護した。なぜか当時、私は動物を食べるのは間違っているが、卵や乳製品を日々の食生活の一環で食べるのは構わないと思い込んでいられたらしい。

さらなる一貫性

人間以外の動物を道徳の範疇に含めるこの初めの一歩は、すぐに続きを迎えた。これはいわば、レフ・トルストイの読み通りである。古典的なエッセイ「初めの一歩」でトルストイが論じるに、人々がより平和的で非暴力的な生活へ向かおうとした時にできることの一つは、動物食からの脱却である。トルストイがいわんとしたのは、肉の放棄が必ず人を善人にするということではなく、肉食者が必ず悪人だということでもない。彼が意味したのは、菜食主義者になるという決意が、より非暴力的な生き方をめざそうとする人々にとって初めの一歩になりうるということである。

トルストイの見込みでは、この初めの一歩を踏み出せば、歩みを始めた人々はほぼ確実にさらなる一貫性をめざそうとする（ちなみにナンシーはこの変遷の年月を通し、私とともに、あるいはその先を歩んでいた）。私は例えば、一般的な家庭用洗剤や化粧品のブランドに含まれる動物成分について調べる中で、メーカーが日常的に行なう痛ましい動物実験のことを知り、残酷要素なしの製品を使おうという思いを強めた。それは動物成分を含まず、動物実験も経ていない洗剤・脱臭剤・石鹸・歯磨き粉・シャンプーなどである。また、毛皮も自分が望む生き方とは相いれないと気づいた。ミンクの帽子は暖かいかもしれない。お洒落かもしれない。女性によってはそれをつけると息をのむほど美しくなるかもしれない。それは分かる。が、そうだからといって、毛皮をまとう動物たちのむごい死が不必要である点に変わりはない。しかし己を欺く人の力が相当なものである証拠に、私は毛皮の購入が論外だという考えに至った後も、革のベルトや手袋や靴を身につけ、羊毛のズボンやセーターやジャケットを買うことには矛盾を感じなかった。私はまだラッパズボンとペニーローファーの段階にいた。

科学での動物利用は最後に向き合った問題で、当初、私の考えは現在の廃絶主義的な思想よりもだいぶ手前で留まった。「動物を使う研究の大幅削減」を求めながらも、私はいくらかの研究が正当でありうる可能性を否定しなかった。ではどういった研究がそれなのか。私はどこで線を引いたか。多言は要さない――当時の私は、今日からすれば全く理解に苦しむが、ゼネラルモーターズのような大手自動車メーカーが、安全なシートベルトを開発するための衝突実験でヒヒを殺すのは擁護できる、と考えていたのである（訳注1）。

以上の話から、現在の私が支持する廃絶主義の考え方は、若い頃の私が受け入れていた考え方に比べて遥かに「急進的」かつ「過激」であること、私が初めて人間による他の動物の扱いを倫理的に問いだした頃に出した答とは懸け離れていることが、おおよそ分かるかと思う。私は動物の権利を支持する廃絶主義者として生まれたのではなく、ナンシーやその他無数の人々とともに、一夜にしてではなく少しずつ、廃絶主義者へと変わっていった。動物の権利擁護は思いもよらなかった結論であり、一連の思考と人生を変える経験が私たちをそこへ導いた。一匹の犬の死がそうした経験の一つであり、屠殺場で血を流して息絶える動物を見たことがもう一つの経験だった。さらにその他、人間が動物たちにおよぼすひどい行ないについて学ぶ機会が、この後に続くこととなる。

先を見据えて

私たちは今現在、他の動物たちをどのように扱っているのか。農場・自然界・研究施設でかれらの身に何が起こっているのか。こうした問いに対し、十全な答を示すことはとても叶わないが、いくらかの関連する事実を示す必要はある。動物の権利が争点である時、私たちはクマのプーさんやETのような架空の存在について議論しているのではない。議論の的となっているのは、血の通った肉体を持つ生きものたち、私たちと同じ空気を吸い、同じ星で生死を迎える生きものたちである。無論、動物たちがどう扱われているかを述べるだけでは、かれらに権利があることの証明にはならない。ただしその扱われ方に関する事実は、もし動物たちに対し悪がなされうるとした場合、その悪の大きさを物語ることにはなる。第二章では食品業界・毛皮業界・研究業界における動物たちの扱われ方に光を当て、必要となる関連事実のいくらかを示す。

第三章から先は哲学的な議論になる。ごく近年まで、動物の権利という主題は真剣な哲学的議論に値しないものとして一笑に付されていた。例えば一八世紀後半にはイギリスの優れた哲学者トマス・テイラーが、女性に権利があるという思想をからかう目的で『獣の権利の擁護』という戯文をものした。それから一〇〇年以上が過ぎた後に、ジョセフ・リカビー神父は当時の主流だった哲学的通説を代弁し、動物の道徳的地位は「小枝や石の類」に等しいと語った。しかし時代は変わった。動物の権利について過去三〇年のあいだに書かれたものは、それ以前の三〇〇〇年で書かれたものよりも多い。今日、動物に権利があるか否かは、真剣で興味深い哲学的問いと受け止められる。ただしそれがしかるべき継続的注目を得るには、最低でも道徳哲学者が語る個の権利という言葉の意味について、一定の知識が共有されていなければならない。第三章ではこれを必要な範囲で明確化したい。この章では人間の権利も動物の権利も擁護しない。その議論は第六章、七章で行なう。第三章の目的は遥かに限定されたもので、権利とは何か、権利を（持てるとしたら）持つことがなぜそれほど重要なのかを説明することにある。

訳注1　かつて自動車メーカーは、車の座席にヒヒを拘束して衝突事故を再現し、ダメージを確かめるなどの実験を行なっていた。近年、中国の会社が豚を使って同様の実験を行ない、物議をかもした。

規則には例外があるにせよ、道徳哲学者らは総じて道徳的な善悪に関する一般論を立てようとする。本質をいうと、この人々が知りたいのは、ある行動なり政策なり法律なりが善か悪かではなく、それらが何によって善または悪になるのか、である。いくつかの有力な立場は、この次元で道徳的な善悪を考えるに当たり、権利を全面的に否定する――その主張によれば、動物は権利を持たないが、人間も同じく権利を持たない。別の立場は、動物の権利を否定しつつ、人間のそれは認める。第四章、五章ではこうした道徳的見地の代表例を確かめ、併せて動物の心の存在と複雑性について考えるための土台を整える。検証する道徳理論はいずれも何らかの長所を持つ。どのような道徳理論も――少なくとも私が知るかぎりのそれは――当たっている部分や大事な部分が全くないということはない。したがって、私はこれらの理論がどういった点で何ゆえに数々の弱みを抱えるのかを説き明かすが、他方でその各々が、堅持すべき強みを持つとも考える。

右の二章で種々の道徳理論の欠点をみた後、第六章では、人間の権利を認めればその弱みのいくつかが克服できることを明らかにする。ここでの結論は道徳性に関する私見の要《かなめ》といってよい。それはこの結論が動物の権利を擁護する段階的議論において一つの役割を果たすからというだけでなく、人間の権利が私の生涯と思想の中で肝心な位置を占めるからでもある。ここで説明するように、人間の権利擁護はどちらかといえば動物の権利擁護にもまして私の道徳枠組みの核心部分をなす。動物の権利擁護派に人間嫌悪を見出そうとする者も、ここにそれを見て取ることはできないだろう。

人間の権利を擁護した後、第七章では動物の権利に議題を移し、この権利の承認が先の三章で至った結論、特に人間の権利の擁護論から導き出されること、それらを支えとすることを確かめる。第八章では動物の権利に向けられる様々な一般的・宗教的・哲学的反論を検証する。続く最終章ではそれまでの主題と論点をまとめ、廃絶主義の「急進的」で「過激」な性格にも光を当てる。思うに、道徳的真理は時に急進的で過激な思想の内に見出されるものであり、動物の権利から導かれる廃絶主義の結論もその一つに数えられる。ここではもう一つ、道徳哲学と人の動機の関係をめぐる厄介な問いにも迫りたい。しかしまずは、動物たちの扱われ方に関する事実、例外的状況ではなく通常の日常的慣行におけるそれに目を向けよう。

第二章

動物搾取

私たち人間は、アメリカ一国にかぎっても毎年何十億もの動物を殺している。私たちが行なうことの多くは動物たちに激しい肉体的な痛みを与える。動物たちはしばしば嘆かわしい環境での生活を強いられる。多くの、ことによるとほとんどの場合、かれらは最も基本的な種々の欲求を満たす機会すら得られずに死へと向かう。

アメリカ国内および世界の動物搾取について、よりまとまった知識を得たい読者は、序論の末尾で紹介した資料に当たれば、探しているものを見つけられるだろう。

以下の記述は、畜産・衣服生産・科学という三つの制度的部門で人間が動物をいかに扱っているかを、ごく手短に素描したものに過ぎない。

食品にされる動物たち

子牛肉、特にピンク・ヴィールや乳飲み子牛肉《ミルクフェッド・ヴィール》といわれるものは、一部の人々が最高の料理と考えるメニューの主菜であり、最高の料理店、とりわけフランス料理やイタリア料理の店で、最高の料理人によって提供される。柔らかさで知られる乳飲み子牛肉はフォークで切れる。筋はない。筋肉もない。ただ柔らかく弾力のない肉で、口に入れるととろける。美食といえば、一部の人々にとってこれに勝るものは想像しがたい。

肉となる子牛にとっての状況は違う。肉用子牛（別名「特別飼養子牛」）は余剰の子牛であり、そのほとんどは乳用となるホルスタイン種の雄として生まれる。余剰子牛の大半は雄も雌も、アメリカでは肥育後に牛肉として売られるが、毎年約八〇万頭は独自の市場に流れて消費される。その市場が特別飼養子牛肉・乳飲み子牛肉産業である。

この産業に取り込まれた子牛は、生後数時間から数日のうちに（業界の勧めでは七日以内に）母から奪われ、競りにかけられるか、子牛肉をつくる契約農家に引き渡される。過去ほとんどの時代において、乳飲み子牛肉の需要は供給を上回っていた。子牛はごく幼いうち、すなわち母牛の乳や牧草などの鉄分に富む餌を摂り過ぎる前に屠殺されていた。そうした食事はピンク色の肉に赤みを加え、消費者の需要を落とすからである。

かつての子牛たちは当然ながら大きくなく、体重は九〇ポンド（約四〇キログラム）ほどしかなかった。子牛があまりに小さいので、柔らかく淡い色の肉は供給量が限られ、一ポンド当たりの値段は高かった。察しの通り、高級な子牛肉は富裕層の晩餐でしかお目にかかれなかった。やがて、まず一九五〇年代にヨーロッパで、続いて六〇年代にアメリカで、状況に変化が訪れた。新しい生産体制が導入され、肉用子牛は四から五カ月生きられるようになった。その間に子牛は出生時の三倍を超す体重になり、しかも肉は望ましい青白さと柔らかさを失わない。大きな子牛が現われたことで、業界は拡大した市場に手頃な値段の乳飲み子牛肉を供給できるようになった。

この生産体制では乳飲み子牛を生涯にわたって単頭用の檻に閉じ込めなくてはならない。アメリカで推奨される檻の大きさは、幅二四インチ×長さ六五インチ〔約六一×一六五センチメートル〕である。子牛肉生産施設には五〇から三〇〇〇以上、平均して二〇〇の檻が並ぶ。アメリカにはおよそ一四〇〇の施設があり、ほとんどはインディアナ、ミシガン、ニューヨーク、ペンシルベニアの諸州に位置する。ペンシルベニア州だけで施設数は約四五〇軒にのぼる。

子牛は周囲のものを舐めるが、金属の檻は鉄を含み、余分な鉄は子牛の肉を赤くするということで、檻は木製となっている。廃刊となった子牛肉業界の会報『ストール・ストリート・ジャーナル』は説明する。「子牛肉の色は、極上子牛肉市場で最高額の儲けを得るための最大の要となります。……『淡色』子牛肉は上流のクラブ、ホテル、レストランで人気を誇る逸品です。『淡色』ないしピンク色の子牛肉は、子牛の筋肉に含まれる鉄分の量に秘密があります」。

無論、完全に鉄分を取り除いたら子牛の生命が、ひいては農家の経済的利益が脅かされかねない。

そこで多少の鉄分が完全流動食の餌に加えられる（この飼料は無脂肪の粉ミルク、ビタミン、ミネラル、砂糖、抗生剤、成長促進剤の組み合わせからなる）。子牛たちは短い一生のあいだ、これだけを一日二回与えられる。母牛の乳ではなくこの献立が、いわゆる乳飲み子牛の食事歴である。

　本来の母乳や他の豊富な鉄分供給源を肉用子牛に与えないことは、子牛肉生産者の視点に立てば完全に筋が通る。『ストール・ストリート・ジャーナル』いわく、「子牛肉生産の目標は二つあり、第一に最短時間で最大重量の子牛を育てること、第二にその肉を消費者の求めに応じて可能なかぎり淡い色にすることとなります」。子牛にとってこれが意味するのは、慢性的な鉄分不足（つまり慢性的な貧血）の状態で育てられるということである。

　子牛が小さく、檻の中で向きを変えられるうちは、金属製またはプラスチック製の鎖で動きを封じられる。その後、子牛が三、四〇〇ポンド（約一三六〜一八一キログラム）に育って、狭い囲いの中で体の向きを変えられなくなれば、鎖は取り除かれる。鎖があろうとなかろうと子牛は動けなくなる。彼らは元気なことで悪名高い。活気あふれる若牛が広い草原で跳ね回る様子は誰でも知っているが、それによって柔らかい筋肉は、重くなる体を支えられるよう引き締まってくる。檻で飼われる子牛は違う。監禁のおかげで筋肉は引き締まらず、肉は先の『ジャーナル』がいう通り、「消費者の求めに応じ」られる柔らかさで保たれる。

　子牛を閉じ込める檻の床は、木材もしくはプラスチックで覆った金属のスノコになっている。理論上は、スノコに隙間があるおかげで糞尿は溜まらない（下に落ちていく）ことになっている。が、現実は理論通りにならない。子牛が伏せると、みずからの排泄物の上に寝そべることとなる。立つと滑りやすいスノコのせいで足元が危うい。向きを変えられないので、子牛たちは体を綺麗にすることができない。動けば滑りそうなので、彼らは長いあいだ同じ場所に佇むようになる。それは環境へのおとなしい適応であるが、体に負荷をかけ、とりわけ膝は目に見える腫れや痛みを来すことが珍しくない。

企業の後援を受けない科学観察者たちは、素朴な常識に生きる人々がとうに知っている事実を確かめてきた。肉用子牛は身体的にも精神的にも苦しむ。身体的には、多くが関節の腫れによる疼痛《とうつう》や不快感、消化不良、慢性的な下痢によって苦しむ。精神的には、絶望的な剥奪を特徴とする孤独な監禁生活によって苦しむ。子牛たちは一生にわたり、乳を吸い草を食む機会を奪われ、四肢を伸ばす機会を奪われ、自然に浴せるはずの綺麗な空気と日光を奪われる。

一言でいえば、肉生産用の檻で飼われる子牛は、自分の生理に適うものの事実上すべてを奪われる。心理的な不適応に関係する行動パターン（反復的な動きや舌遊びなど）を来すのも何ら不思議ではない。

この動物たちは体も心も不調になる。子牛たちは本来そうでありえた陽気な生きものではなく、生産者と消費者がつくりあげた発育不全の「極上」食肉機械として、やがて定められた屠殺の日を迎えるが、その時、死はこの見放された動物たちが知る生よりはましなものを彼らに与える。

▼工場式畜産

人の消費用に育てられる他の動物に比べれば、アメリカ人の晩餐となる乳飲み子牛の総数は小さく、年に約八〇万頭となる——畜産利用される動物は、アメリカ一国だけで一年間におよそ一〇〇億頭、一日二七〇〇万頭超、一時間につき一〇〇万頭超という単位で屠殺されている。しかし数は小さくとも「乳飲み」子牛の一生は今日行なわれている商業的畜産の現実を映し出している。童謡で歌われる「ゆかいな牧場《まきば》」の神話はいまだ絶えない。理由はどうあれ、また、長年にわたり動物の権利擁護派が逆の現実を暴露し続けているにもかかわらず、多くの人々は畜産利用される動物たちが牧歌的な環境に暮らしていると信じて疑わない。真実は違う。今日の商業的動物産業の扉を入って出ていく動物たちは、大部分が肉用子牛とそう違わない生活を送っている。集約飼養システム（「工場式畜産」）は、例外ではなく規範である。肉用子牛だけでなく、豚、鶏、七面鳥、その他、人の消費用に飼われる動物たちは、無数の生物学的機械へと変えられた。

工場式畜産が主流となった背景を知るのは難しくない。金儲けの動機と、政府による補助金や価格維持の後ろ盾が、産業の原動力である。畜産は所詮ビジネスであり、目的は金銭的投資を最小化して金銭的収益を最大化することに置かれる。経済的成功の鍵は、子牛肉生産にみられる基本構想の応用にある。

工場式畜産では動物を土地から引き離し、屋内で飼うことが条件となる。これは重要な点である。屋内飼育にすると、比較的少人数で、数百、時には（卵用鶏や肉用鶏の場合がそうであるように）

数十万もの動物を育てることができる。動物たちが自由に歩き回れるようでは、こうはいかない。

次に、農家は最短時間で動物たちを市場に出荷できるよう、あらゆる手を講じなければならない。とられる措置は、動物の移動制限、自然状態よりも多くの餌を食べさせる食欲操作、飼料に成長促進ホルモンを混ぜることによる体重増加の誘起などとなる。『ストール・ストリート・ジャーナル』の言葉を借りれば、肝心なのは「最短時間で最大重量の子牛〔あるいは鶏なり豚なり〕を育てること」である。ここで落第する農家は商業的畜産市場でも落第となる。そして現に大勢がそうなっている。巨大法人の同業者と競えず、規模の経済や多国籍企業を利する莫大な政府補助金の前になすすべがない古典的農場は、いまや絶滅危惧種と化している。アメリカの農業全般と同じく、人の消費へ向けた動物飼養でも、アグリビジネスは農の営みに取って代わった。

衣服にされる動物たち

肉食を正当化する最も一般的な議論は、それが必要だという説である。血気盛んなアメリカ人なら誰でも、人は肉を食べなければならないと知っている。一日三度かそれ以上、たっぷり肉を食べなければ、私たちは充分な蛋白質を得られない。そして充分な蛋白質を得られなければ、私たちは病気になるか死んでしまう。これこそまさに私が育つ中で教えられたことである。そしてこれが青年期に入っても私が信じ続けていたことである。

この「蛋白質神話」（「蛋白質を得るには肉を食べるしかない」説）は、かつて大衆に広く行き渡っていた。が、時代は変わった。今日では、人が最適な健康状態でいるために必要とする蛋白質は肉なしで（ベジタリアン食で）得られること、それどころか肉も他の動物由来食品も、つまり牛乳もチーズも卵も摂らずに（ビーガン食で）得られることが、広く知られつつある。かつてはベジタリアン食に背を向けていた食品医薬品局（ＦＤＡ）ですら、現在は食に関し休戦の旗を振っている。最近年の評価報告書でＦＤＡは、ベジタリアン食とビーガン食が体に良い健康的な食の選択肢であると認めた。

とはいえ、これまで肉食の支えとなっていた強みの一つは、それが人にとって至極重要な二つの利益、健康と生存のために必要と信じられていたことにあった。人間による動物搾取の歴史でもう一つのテーマをなす行ないにこれは当てはまらない――毛皮着用である。なるほど毛皮を着ることは、極北に暮らすイヌイットであれば健康と生存のために必要かもしれない。しかしニューヨークの街路を行く人々はどうだろう。シカゴやアトランタの商店街、アスペンのスキーロッジにいる人々は？　健康も生存も、これらの場所で毛皮をまとう理由とは関係ない。理由はファ、ッ、シ、ョ、ンである。そして率直に言うと、一部の人々にとっては、ファッションを見せびらかす点で毛皮に勝るものはない。

アメリカの毛皮業界に利用される動物の数は長年のあいだに推移してきた。二〇〇一年には同国で毛皮のために約四五〇〇万匹の動物が殺された。ミンクはとりわけ広く使われ、毛皮総売上げのおよそ八割を占める。

毛皮はどこで生まれるのか。それほど遠くない過去には、罠猟師が毛皮の主たる供給者だったが、近年になって調達の方法に大きな変化が訪れた。今日、毛皮取引に回される動物の大部分（二五〇万匹）は、業界がいうところの「牧場」で育てられる。この言葉は童謡の「ゆかいな牧場」のような牧歌的風景を連想させ、ただ飼われるのがミンクや他の毛皮をまとう動物になっただけだと思わせる。しかし実際のところ、「毛皮牧場」と実際の牧場には、子牛の檻と牧草地ほどの違いがある。名称は「毛皮工場」のほうがふさわしく、それというのもこの施設は製鋼工場が建物の梁《はり》を生産するように毛皮動物を飼養するからである。

▼毛皮工場の毛皮

世界の毛皮工場は共通の基本構造を持つ。施設に入ると、地表から離れたところに金網の檻が長い列をなして並んでいる。檻列の上には天井があり、施設全体はフェンスで囲まれている（フェンスは檻から落下もしくは脱走した動物が外へ逃れる事態を防ぐ）。収容される動物は一〇〇匹ほどのこともあれば、一〇万匹にのぼることもある。飼われる毛皮動物はミンク、チンチラ、アライグマ、山猫、狐などが多い。アメリカ農務省が二〇〇一年に出した数字では、国内で三二四軒の毛皮工場が操業しているという。

ミンクの繁殖用ケージは八匹もの母子を収容できる。歩いた形跡を別にすれば、野生のミンクは滅多に見られない（その縄張りは最大で長さ二マイル半〔約四キロメートル〕にもなる）。夜行性のかれらはほとんどの時間を水の中で過ごし、そのさまは優れた泳ぎ手の名に恥じない。檻に囚われたミンクは陸に上げられた魚に等しい。起きている時間の大半は同じところをぐるぐる歩き回ることに費やされ、切り詰められた生活の境界線は、金網の世界でかれらが何度も何度も描くその軌跡によって表わされる。肉用子牛の節で触れたように、このような反復行動は心理的不適応の典型症状である。他の反復動作（檻の側面を駆け上がる、頭を回し続ける、など）も同じ事態を示している。不自然な監禁状況に置かれ、散策や遊泳などの自然な欲求を満たせる環境を奪われる結果、毛皮工場のミンクはよくて諸々の神経症症状、悪ければ精神病症状を呈する（そして同じ行動は檻に収容された毛皮動物の全てにみられる）。

いかに深刻であろうと毛皮工場にいる動物たちの精神状態は飼養業者にとって直接の経済的関心事にはならない。かたや動物たちがまとう毛皮の状態はまさに経済的関心の的であり、その綺麗さを保つために必要な措置がとられる。例えば窮屈な監禁のストレスによって、繁殖用ケージの狐たちは互いを攻撃することがある。狐の共喰いは、野生では観察されていないが、毛皮工場ではみられないものではない。そこで事業主は収容数を八匹から四匹、さらには二匹へと減らす。最悪の場合、「問題」の動物は殺される。

毛皮を傷つけないための皺《しわ》寄せは殺害方法に反映される。ここでは肉用子牛のように喉を切ることはない。傷を負わせせない方法、ただし麻酔なしのそれが原則である。小さな毛皮動物、特にミンクとチンチラは、頸椎《けいつい》を破壊することが多い。しかしこの方法は相当の労力を要するので、こうした小動物もより大きな動物らと同じく、しばしば二酸化炭素や一酸化炭素で窒息死させられる。時には肛門電殺が選ばれる。方法はこうである。まず、動物の口周りに金属製の締め具を嵌《は》める。次に、充電した金属棒を動物の肛門に入れる。そしてスイッチを押せば、動物は電撃で内から「フライ」にされて死に至る。死ぬまでにこれを何度か繰り返さなければならない時もある。正しく行なえばこれで傷のない毛皮が得られる。

▼罠猟

毛皮工場の事業者が毛皮の傷に悩むことは少ないが、野生の毛皮動物を罠で捕らえる者はこれを頭痛の種とする。罠にかかった動物の毛皮は血みどろで節《ふし》くれだっていることがあり、そうなると経済的な価値はない。このいわゆる「廃品」は、罠に囚われた動物が自然の捕食動物に襲われた結果として生じることもある。あるいは捕まった動物が罠から逃れようと暴れて毛皮を傷めることもある。あるいはさらに、動物が罠に嵌まったみずからの脚を噛みちぎって（罠猟師の言葉でいえば「ねじ切って」）そこを逃れ、毛皮を残さないこともある。長年にわたって精力的に毛皮反対運動を続けてきた動物擁護団体フレンズ・オブ・アニマルズ（ＦＯＡ）の試算では、毛皮目的で捕まる動物の四分の一（約六二万五〇〇〇匹）が足をねじ切って行方をくらます。同団体の報告書を読めば、捕まった動物たちに足を噛みちぎるだけの時間的余裕があることはよく納得できるだろう。種が何であれ、ＦＯＡは動物たちが死ぬか、もしくは巡回してくる罠猟師に殺されるかするまでに、最大一週間（平均一五時間）の猶予があると見積もる。

アメリカではトラバサミとコニベアが最も広く使われる罠である。コニベアは動物の頭・首・上半身を捕らえ、トラバサミは脚を捕らえる。後者の仕組みは単純この上ない。トラバサミの刃はバネに繋がっていて、開いた形に固定される。重みに反応する台には餌が置かれる。動物がそれに手を伸ばすとバネが戻って刃が閉じる。

罠にかかった動物の負傷は、車の扉に指が挟まった時のそれに譬えられる。動物行動学者のデズモンド・モリスいわく、捕まった動物たちが味わうショックは「容易な想像を許しません。自分に何が起こったのか全く分からない状態でのショックなのですから。自分は捕まっていて逃げることができない。そこで動物たちはしばしば金属の罠に嚙みついて、そのせいで歯を壊し、時には罠にかかった脚を嚙み切ることもあります」。

より「人道的」な罠をつくる試みは多数なされてきた。例えば金属のトラバサミに代えてクッション付きのそれも試された。が、いずれの代替物もアメリカでは好評を得ず、金属のトラバサミは推定一〇万から一三万五〇〇〇人の国内罠猟師——一五年前に罠道を築いた者の三分の一に相当する人数——によって、今も使われている（訳注1）。それに対し、欧州連合の一五カ国は一九九五年にトラバサミの使用を違法とした。

種類を問わず、罠自体は当然ながら毛皮をまとう動物と標的外の動物を区別できない。後者にはカモ類、猛禽類、伴侶動物、さらに人間が含まれ、罠猟師はこの狙いから外れる犠牲者を「外道」

（trash animal）と呼ぶ。罠猟師にデータの収集・報告義務が課されていないので、「外道」の正確な数はなかなか把握できない。ＦＯＡは罠で死ぬ標的外動物の総数を年間四〇〇万から六〇〇万匹と見積もる。あいだをとって五〇〇万匹とすると、一日およそ一万四〇〇〇匹、毎分約一〇匹の「外道」が殺されていることになる。

ミンクやビーバーのような半水生動物も自然界で罠に捕らえられる。かれらに対しては通常、水中罠が用いられる。脱走のために格闘できる時間は、ミンクが最大四分、ビーバーは二〇分超となる。最終的に、捕まった動物たちは溺死する。陸の動物に比べると、ねじ切りや廃品の例は極めて少ない。

毛皮工場の動物を使うにせよ罠で捕らえた動物を使うにせよ、毛皮コートの生産には大量の死体が要される――小さい動物ほど多く必要になる。ＦＯＡの試算によれば、四〇インチ〔約一メートル〕の毛皮コート一着に必要なのは、コヨーテならば一六頭、オオヤマネコなら一八頭、ミンク六〇匹、オポッサム四五匹、カワウソ二〇匹、アカギツネ四二匹、アライグマ四〇匹、クロテン五〇匹、アザラシ八匹、マスクラット五〇匹、あるいはビーバー一五匹となる。もちろん、毛皮コートのために罠で狙われる動物たちの苦しみと死は、話の一部に過ぎない。標的外の動物の数をここに加え、罠にかかった陸の動物たちが死ぬまでに味わう苦しみの時間〔前述の通り、ＦＯＡの試

訳注１　罠猟師は自分の猟場に罠を仕掛け、定期的にその見回りを行なう。この巡回路を罠道という。

算で一五時間）をさらに加味しなければならない。必要な計算を行なうと、例えば四〇インチのコヨーテ毛皮コート一着は、コヨーテ一六頭の死、および総数不明の標的外動物の死、および二〇〇時間を超える動物たちの苦しみの産物と分かる。同様の計算は他の標的動物に関しても行なえる。この世の様々な物事と同じく、毛皮コートも目に見えるもの以上を含んでいる。

道具にされる動物たち

科学での動物利用が話題になると、これを擁護する者のほとんどは命を救う治療や人間の健康改善に触れ、動物モデル〔疾患モデルの動物〕に頼らなければそうした発見は不可能だったと主張する。その目的での動物利用を弁護する主張が正確か誇張かは、知識と良心ある人々のあいだで意見が割れる問題だろう。二つの例を挙げたい。

製薬会社は、服薬した人の病気を治して、それと同等もしくはそれ以上の悪い状態（「有害な副作用」）を招かない薬を開発すべく、何百万ドルもの金を投じ、何年もの研究を行なう。政府規則のもと、処方薬は市販の認可を得る前に大々的な動物試験を経なければならない。方法論として、動物に有効かつ安全である薬は、人間が飲んでも有効かつ安全だろうとの考えがこの根底にある。

が、くだんの考えが誤りであることは誰でも知っている。深刻で衝撃的な事実がこの誤りの甚だしさを物語る。試算では毎年、処方薬の有害な副作用が原因で一〇万人のアメリカ人が命を落とし、およそ二〇〇万人が病院に運ばれている。処方薬はアメリカで四番目に大きな死因であり、これに勝るものは心臓病と癌と脳卒中しかない。しかも処方薬を規制する政府機関のＦＤＡは、医師らが薬物有害反応のわずか一パーセントしか報告していないと見積もる。言い換えれば、一つの薬物有害反応が報告される陰で、九九のそれがもみ消されているのである。明らかに、動物実験の擁護者は人の便益がその被害を大きく上回っているなどと主張できる立場ではなく、それ以前に、動物モデルへの依存が往々にして便益から懸け離れた治療法に結び付いてきた事実を素直に認める必要がある。

動物モデルの使用に伴う限界は、人々の膨大な被害にも繋がる。喫煙の発癌効果は代表例である。早くも一九五〇年代には、人の疫学研究によって喫煙と肺癌の因果関係が確かめられていた。ところが動物にタバコ関連の癌を発症させる試みは、五〇年以上にわたって繰り返されながら、ほとんど成功しなかった。公衆衛生の推進者らが警告を発してきたにもかかわらず、各国政府は何十年ものあいだ、喫煙者に深刻なリスクを知らせる教育キャンペーンを行なおうとしなかった。今日、アメリカでは死亡件数五件のうち一件がタバコの影響によるもので、直接医療費の実に六〇パーセントがタバコに関係する病気の治療に投じられている。

政府の保健政策が動物モデルの使用に導かれるものでなかったとしたら、この膨大な人間被害のどれだけを防げたか。「かなりだ。計り知れないくらいに」という以上の答を持っている人がいるかは分からない。自分がいかに無知であるかを振り返ってみれば、命を救う治療法や他の健康改善の全てもしくは大半が、動物モデルを使った研究のおかげであると確信するのは難しくなるだろう。

研究での利用に加え、動物たちは日用品（洗剤、クレンザー、光沢剤など）や化粧品（マニキュア、ひげ剃りクリーム、脱臭剤など）の試験でも使われる。これらは製品の安全性試験という名目、すなわち市販製品の消費者が負うであろうリスクを最小限に抑える目的で行なわれる。いくつかの政府機関（例えば消費者製品安全委員会）が、製造者に対し、製品の市場流通を法的に認めるには毒性試験を経なければならないと定める。この手の規則は一律的なものではない。多くの場合、毒性試験が法的に求められることはなく、求められたとしても、後述するＬＤ50のような特定の試験が一律に義務付けられるわけではない。しかしながら製造物責任法は、消費者が不合理なリスクを負わないよう、製造者は合理的に必要なかぎりの手を尽くさなければならないとの考えに則るので、製造者は法的に毒性試験が求められていなくとも、それを実施する方向へ行きやすい。

▼ＬＤ50

動物を使う毒性試験で、過去六〇年間にわたり一般的だったのはＬＤ50である。「ＬＤ」は「致死量」、「50」は「五〇パーセント」を意味する。名称から察せられる通り、ＬＤ50は被験動物の五〇パーセントに対し致死的となる（つまり五〇パーセントを殺す）被験物質の量を確かめる。

ＬＤ50の手順はこうである。被験物質を被験動物に経口投与する。濃い濃度で与える動物と薄い濃度で与える動物がいる。理論的には地球上のあらゆるものが致死量を持つ。水でさえ、充分短い時間に充分多くを与えれば被験動物の五〇パーセントに対し致死的となることが実証されている。

変数を制御したいのに加え、動物たち自身は「自主的」に塗料用シンナーやクリスマスツリー用のスプレーなどを摂取しないので、一定量の被験物質はチューブによって動物たちの喉へ流し込まれる。ここで麻酔を使わないことも変数制御の一環となる。一〇匹から六〇匹が使われる。状態の観察は最大二週間におよび、通常はその間に目的の五〇パーセントが死に、その後に残りの動物が殺されて解剖と検証が行なわれる。この結果をもとに、被験物質は原液もしくは希釈液で飲んだ際の毒性について、強い、弱いといった評価を下される。製品は被験動物に対し極度の毒性を示したとしても、販売が禁じられることはない。代わりにＬＤ50のような試験は、ブレーキ液や家庭用潤滑油、業務用溶剤などの容器に貼られた「飲むな危険」ラベルのひそかな裏付けとして存在する。

製造者が製品の安全性について消費者に情報を与える責任を負うという考えは、分別ある人なら誰も否定しないだろう。しかしＬＤ50試験を行なえば消費者に対する責任を果たしたことになるのか、また、責任回避のために動物を利用する行ないが、動物たちの代償に見合う道徳的価値を持つのかは、分別ある人なら考えてみるべき問題である。

ＬＤ50を科学的に批判する人々（毒物規制の関係者多数も含む）は、この試験に大きな欠陥があるとみる。試験結果は研究所によって異なり、同じ研究所の中でも日によって異なることが示されてきた。被験動物の性・年齢・食事、および種も結果を左右する。被験動物に関し同じ結果が常時再現できる場合でも、人間への有用性はよくて些少に留まる。救急室で働く医師や他の医療従事者は、中毒事故の大半を扱うが、患者への対応に先立ちＬＤ50を確認するなどということはない。これに異を唱えるのは救急医療への甚だしい無知を露呈する行為である。
毒性試験での動物利用が招く結果は、動物たちの視点に立つと些少どころではない。かれらにとっては研究所での生活が生き地獄となりうる。例えばＬＤ50試験に使われる動物たちは、死や殺害を迎える前から重い病苦に悩まされる。症状は下痢、痙攣《けいれん》、および口や目や直腸からの出血などにおよぶ。ケンブリッジ大学とコロンビア大学の研究で動物を使っていた元実験心理学者のリチャード・ライダーは、化粧品のＬＤ50試験で使われる動物たちの惨状をこう振り返る。

ほとんどの化粧品はとりたてて有害ではないので、これによってラットや犬を殺そうとすれば、莫大な量を胃に押し込んで内臓を塞ぐか壊すかする、あるいは特定の化学反応ではなく別の物理的行為によって息の根を止めるほかない。無論、強制投与は健全な食べものを流し込む場合でも、それ自体、苦痛を与える処置として悪名高く、そのことは婦人参政権論者ほか、ハンガーストライキを行なう囚人らが証言している通りである。胃に押し込まれる物質がそもそも食品ではなく、大量のフェイスパウダーや化粧用品、あるいは液状へアカラーであったら、苦しみが遥かに大きいことは疑えない。仮に試験の形式的な正しさを守るべく、殺せるだけの充分量を与えるとしたら、死に至る過程そのものが往々にして長く苦しくなるのは明らかである。

なお、利用される動物は大抵の場合「たかがラット」「たかがマウス」だと考える人々がいそうなので付け加えておくと、ラットおよびマウスは動物福祉法のもとでは「動物」に分類されておらず、ゆえに現行の連邦法で守られてもいない。さらに、法律の規制対象となる動物と違い、マウスとラットは嘔吐ができず、吐くことによる一時的な安らぎすら得られない。

批判の声が高まる中、一部の研究所はＬＤ50を離れ、使う動物を一〇匹に絞るなどの「限定的」試験へ移行している。しかし数に関係なく、科学的・道徳的問いは吟味されなければならない。猫や犬、マウスやラットを使って得られた知見をヒトに当てはめられるという説は、科学的に信頼できるのか。それとも、動物モデルの使用は科学的方法として破綻しているというのが本当なのか。これらは基本的な科学の問いである。

基本的な道徳の問いは二つある。第一に、動物モデルの試験や研究が科学的に擁護できない場合、動物利用の継続はどうすれば道徳的に正当化できるのか。第二に、よしんばこの方法論が科学的に擁護できるとしても――のみならず、これに頼ることで人の安全と健康に関わる重要な利益が、他の方法では不可能なほどに高められるとしても――それで動物モデルを使う試験や研究が善になるのか。

第一の問いについては、本章の注に引いた資料の中で詳しく検証されている。第二の問いについては、哲学的な前提が何もない状態では答えられない。動物モデルの使用が善か悪かは、道徳的な善悪に関する土台の考え方次第で変わる。これは決してこの問題特有のことではない。動物とは無関係な道徳論争を考えてみよう――例えば中絶や医師の自殺幇助でもよい。人々はこうした行為の道徳性に関し対立的な意見があることを強く実感し、互いに自分の立場を支える議論を重ねてきた。どちらが正しいかは判断しがたい。しかし判断は懸け離れていても、全陣営の者が同意できる点が一つある――相手に対し、なぜそう考えるのかを尋ねること、先方の道徳的判断を支える理由を問い、答を期待することは妥当である。もしその返答で、理由はない、自分は何が正しいかを知っているのだと言われたら、立ち去るのが賢明である。意見が割れる道徳問題をめぐっての立場は、どのようなものであれ、証明抜きに正しいということにはならない。意見が割れる道徳問題への答は例外なく、必要な知識にもとづき熟考を経た慎重かつ公正な合理的根拠にもとづかなければならない。

　私たちの道徳的確信を支えうる理由のうち、どれが本当に有効なのか――つまり、どれが本当に私たちの確信の妥当性を示せるのか。このレベルの問いは、もはや個別の行為や特定の営為が道徳的に善か悪かを争うものではない。知りたいのは、ある任意の行為や営為を道徳的に善ないし悪とするものは何か、である。科学的目的で動物を使うことの道徳性は、道徳的な前提が何もない状態では答えられない、と先に述べたのはこの意味である。目の前の具体的な行ないの道徳性を評価しようと思えば、ある任意の行ないの道徳性に関する問いに向き合い、答を出さなくてはならない。そのためには対立する道徳理論の長所たりうる部分を検証することも要される。後の章では、哲学者らが長く支持してきた最も有力な道徳理論のいくつかを検証する。しかしまずは、それらの思想に対する私たちの評価を方向づけることになる一連の問いに目を向けなければならない。

第三章

権利の性質と重要性

善の行ないは何によって善になるのか。悪の行ないは何によって悪になるのか。道徳哲学者の一派は、これらの問いに最良の答を出そうとすれば道徳的権利を認めることが欠かせないと考える。これが私の支持する立場にして、私が擁護しようとする立場である。これはまた、第四章、五章で扱う道徳理論の全てが、その様々な違いを超えて明確にしりぞける立場でもある。したがって権利の性質と重要性について語っておくことは有益に違いなく、この後の議論を理解する助けにもなるだろう。

「個の権利」という概念は、西洋文明の中でも外でも、深く長い影響力を持っている。しかし哲学者のあいだではこの概念が激しい論争の的だった。一部の哲学者は、法律が定める法的権利を除き、私たちに権利（一般に道徳的権利といわれる）は一切ないと考える。他の哲学者は、法的権利とは別に、より基本的なものとして私たちには道徳的権利があると認め、生存権・自由権・身体に関する自己決定権などをそれに含める。アメリカ独立宣言の起草者らは明らかにこれを信じていた。かれらの言葉によれば、そもそも政府というものを設ける理由は、権利を有する市民の保護に尽き、その権利は法的権利と無関係かつより基本的なものであるため、道徳的権利の地位を持つ。

積極的権利と消極的権利

人々は人間が道徳的権利を有すると考える点で意見を同じくしつつ、権利とは何かをめぐって意見を異にすることがある。また、人間が道徳的権利を有すると考える点で意見を同じくし、権利とは何かをめぐっても意見を同じくしつつ、人間がどのような権利を有するかという点で、なお意見を異にすることもある。例えば道徳的権利の支持者でも、人間には消極的道徳権（危害や妨害を受けない権利）しかないとする立場と、人間には積極的道徳権（助力や支援を受ける権利）もあるとする立場がある。これは重要な区別で、以下のように説明できる。

▼消極的道徳権の侵害――一つの例

ある人々は、みずからの過ちによらず、他の者から組織的危害を加えられている。例えば世界のある地域の少女らは、売買されて悲惨な奴隷状態に置かれ、毎日のように殴打や性暴力を受ける。もしこの少女たちが危害や妨害を受けない権利を有するのだとしたら、虐待者の行ないは少女の権利の侵害に当たり、悪となる。この例で分かるように、消極的権利はその所有者に対し人々が何かをすることで侵害される。この権利侵害は作為の悪といえる。

▼積極的道徳権の侵害――一つの例

ある人々は、みずからの過ちによらず、重要な必要事を自力で満たすことができない。例えば貧しい家に生まれた幼い子供は、充分な医療を受けるための金を支払えない。もしもこの子供たちが助力や支援を受ける権利を有するのだとしたら、助力の手段がある人々はそれを行なう義務がある。くだんの人々が助力を怠ることは、子供たちの権利の侵害に当たり、悪となる。この例が示すように、積極的権利はその所有者に対し人々が何かを怠ることで侵害される。この権利侵害は不作為の悪といえる。

一部の哲学者（一般にリバタリアンと呼ばれる）は積極的権利を支持しない。かれらの考えでは、全ての道徳的権利は消極的道徳権である。したがって、リバタリアンは第二の例で挙げた子供たちが医療を受けられるのは善いことだと認めるかもしれないが、その子供たちに医療を受ける権利があるとは認めないだろう。より一般化すれば、誰もその権利を持たない。

他の哲学者（社会主義寄りの立場）は、どちらの権利も支持する。かれらの考えでは、一部の道徳的権利は消極的であり、一部は積極的なそれである。したがって、医療は大きな便益であるため、この哲学者たちは第二の例で挙げた子供たちがそれに浴する権利を有すると論じるに違いない。より一般化すれば、誰もがその権利を持つ。

言うまでもなく、道徳的権利をめぐるこの二つの考え方は、ともに真ではありえない。人々が消極的道徳権しか持たないのであれば、積極的道徳権も持っているということはありえない。逆に人々が積極的道徳権を持つのであれば、消極的道徳権しか持たないということはありえない。ではどちらかが正しいとした場合、どちらが正しいのか。どちらも見事な議論を示してきた。その対立する見解について、適切な知識にもとづき公正な評価を下すのは、長く難しい作業になるだろう。しかし幸い、この論争は当面私たちが考えたい問題の外にある。理由を言おう。

ここでみた見解の相違は無視できないが、類似性もまた無視できない。そして本書の目的に照らせば、類似性のほうが相違よりも重要である。道徳理論の中で道徳的権利の役割を認める哲学者たちには、共通の基盤がある。積極的道徳権の妥当性をめぐっては考え方の不一致があっても、消極的道徳権の妥当性については異論が存在しない。例えば人権支持者であれば誰も（少なくとも管見《かんけん》のかぎり誰も）第一の例における少女らの扱いを無視しようとはしない。人権支持者であれば誰でも（少なくとも管見のかぎり誰でも）少女らの虐待をひどい人権侵害とみる。思想家のあいだにこの合意があるなら話は早い。本書の目的に照らせば、積極的人権をめぐる論争は棚上げし（この概念は第六章で再び簡単に扱うが）、消極的道徳権に焦点を絞ってよい。道徳理論家全体にとって、ここは入念な哲学的作業を進めるところ、人間の権利をめぐる根本的問いが生じるところである。

同じことは動物の権利論争にもいえる。この論争で中心となる問いも、作為の悪に関係する（工場式畜産場や毛皮工場で人間が動物たちに対し行なうことなど)。突き詰めれば、知りたいのは私たちがかれらにおよぼす危害、および私たちがかれらから自由や生命を奪う行為が、権利侵害になるのかである。したがって中心となる問いは、私たちが不作為の悪によって動物たちの権利を侵害しているのか、という点にはない(例えば公園の鳩を毎年獣医の健康診断にかけなければ権利侵害になるのか、など)。後者の問いはもちろん無意味ではなく、十全な道徳理論であればこれに向き合わなければならない。が、前者の問いはより根本的で、ゆえにより中心的であることに変わりはない。

以上の理由から、本書の探究は消極的道徳権に焦点を合わせる(簡略化のため、以下では消極的道徳権を単に「権利」と言い表わす)。道徳的権利の肯定ないし否定とは、何を意味するのか。なぜそれを有することが重要なのか。これらが今から考える問いである。

道徳的完全性——立入禁止

道徳的権利(ここでも特に断りがないかぎり消極的道徳権を指すものとする)は、その所有者に特別な道徳的地位を与える。この権利を有することは一種の道徳的防壁を構えることを意味し、それは見えざる立入禁止標識に譬えられる。万人がこの権利を有するとした場合、当の見えざる標識が何を禁じているのか問うことができる。禁じているのは一般に二つのことである。第一に、他者は私たちを害する道徳的自由を持たない。これは道徳的観点からすれば、他者が気分次第で自由に私たちの命を奪い、私たちの身体を傷つけてはならないことをいう。第二に、他者は私たちの自由選択を妨害する自由を持たない。これは他者が気分次第で自由に私たちの選択を制限してはならないことをいう。どちらの場合でも、立入禁止標識は他者の自由を道徳的に制限することで権利所有者を守ろうとする。

とすると、人の命を奪うこと、人を傷つけること、人の自由を制限することは、常に悪なのだろうか。そんなことはない。他者が己の権利を超えて私たちの権利を侵そうとしたら、私たちはみずからの権利のもと、侵害者を傷つけ、その自由を制限しうる形で応じてもよい。例えば強盗に襲われた時には、自己防衛に必要な腕力を用い、それで襲撃者を害したところで何の悪を犯したことにもならない。幸い私たちが生きる世界では、こうした事例は例外であって日常ではない。ほとんどの人はほとんどの場面で、他の人々の権利を尊重するように振る舞っている。しかしこの点で世界のありようが違ったとしても、肝心な点は同じである——他者がこちらの権利を侵した際に私たちが行なってよいことはあるが、それは私たちが他者の権利を無制約に侵してよいという意味にはならない。

道徳的重要性——切り札

真面目に人権を支持する者であれば、私たちの権利には他の大切な人間の諸価値に勝る重要性があると考える。カードゲームのブリッジに譬えれば、私たちの道徳的権利は切り札に当たる。この意味を説明したい。

持ち札が配られる。ハートは切り札である。最初に示されたのはスペードのクイーン、スペードのキング、スペードのエースだった。あなた（最後のプレイヤー）にスペードの札はない。しかし手元にはハートの2がある。ハートは切り札なので、地位の低いハートの2は、スペードのクイーン、スペードのキング、さらにはスペードのエースをも打ち負かせる。これがブリッジのゲームで切り札が持つ強さである。

ブリッジにおける切り札と道徳における個の権利の類似性はおおよそ明らかと思われる。道徳的決定を下す際には大切な価値の数々を勘案しなければならない。例えば、ある決定を下すことで私たち個人にはどのような影響があるか。家族、友人、隣人、同胞のアメリカ人にはどう影響するか。長い一覧を書きつづるのは難しくない。

ここで「権利は切り札だ」といえば、個が有する権利の尊重はいわば「道徳のゲーム」で最も重要な勘案事項であることを表わす。特にそれは、ある者の権利を侵して（例えばその身体を傷つけ、あるいは命を奪って）便益が得られるとしても、当の権利侵害が正当化されることはない、という意味を持つ。

道徳的地位――平等

道徳的権利は平等を求める。私たちに様々な違いがあろうと、道徳的権利は所有者全てにとって同じものである。ゆえに人は誰しも、恣意的な理由、偏った理由、道徳的に無関係な理由で、権利を否定されてはならない。人種はこうした理由の一つに数えられる。人種にもとづいて人の権利の有無を決めようとする試みは、塩で茶を甘くしようとする行ないに等しい。人種は私たちが有する権利について何も語らない。

同じことは他の違いについてもいえる。ナンシーと私は別の国に家系の起源を持つ――彼女はリトアニア、私はアイルランドである。私たちの友人は一部がキリスト教徒、一部がユダヤ教徒、一部がイスラム教徒に属する。ほかに不可知論者や無神論者もいる。広い世界の中で、少数の人々は巨万の富に潤い、大勢は極貧にあえぐ。例はいくらでも続く。人々は様々な点で違う。それは否定のしようがない。

しかし人権を支持する者は、こうした違いが重要な道徳的区分をなすとは考えない。人権という概念に意味を持たせるとしたら、私たちは平等にそれを有すると考えなければならない。そして私たちは（ともかく人権を有するのだとしたら）、人種・性・信仰・貧富・知能・出生日・出生地などの違いによらず、平等にそれを有する。

道徳的要求――正義

権利は気前ではなく義務、私たちが欲するものではなく得てしかるべきものに関わる。次の例はこの違いを示すのに役立つ。私はある洒落たスポーツカーを欲しているが、買えるだけの金はない。ビル・ゲイツは（誰でも知っているように）自分でもどうすればよいか分からないほどの金を持っている。そこで私は彼に書き送る。

親愛なるビルへ
私はＤＳＧ（ダイレクト・シフト・ギアボックス）を搭載した三・二リッター、六気筒のアウディＴＴスポーツクーペが欲しいと思っています。しかしお金を捻出できません。あなたならできるでしょう。そこで購入費分の郵便為替を送っていただければ幸甚に存じます（よろしければ速達便で）。
新たな友人
トムより

一つ明瞭なことがある。私はビル・ゲイツにアウディＴＴの購入を要求できる立場にはない。彼から車をもらうことは――車が何であれ――私の資格や取り分・持ち分ではない。もし新たな友人のビルが希望の車を買ってくれたら、彼は稀にみる気前のよい人間（あるいは稀にみる阿呆）とはいえるかもしれないが、稀にみる公正な人間といえるわけではない。

これに対し、私たちが権利を行使する時には、誰かの気前のよさを求めているのではない。訴えは「お願いなので、私にふさわしくないものを恵んでくださらないでしょうか」ではない。それとは真逆で、権利を行使する時には、公正な扱いを求め、私たちの持ち分であるものを求めている。好意は微塵も求めていない。

道徳的権利——妥当な要求

右の議論を踏まえると、権利は一般に妥当な要求と記述することができる。この権利分析は動物の権利論争全体を貫いており（例えばこれは最も有力な動物の権利批判論者、カール・コーエンが則る分析でもある）、私が以降の議論で用いるものでもある。権利が要求であるとは、ある者にとってそれが、自分もしくは他者のために、正当に求めてよい扱いであること、厳格に保証されるべき扱いであることを意味する。その要求が妥当であるとは、要求が理性的に正当化できることを意味する。したがってある権利の要求が妥当かどうかは、要求の土台が正当かどうかに懸かっている。何がこうした要求を正当なものとするのか。

私が擁護する答は、要求の妥当性を妥当な直接義務の原則と結び付ける（訳注1）。例えば、生存権の要求が妥当となるのは、他の者らが気分次第で私たちの生命を奪ってはならないという直接義務を負う時（つまり、生命の奪取を禁じる義務が、妥当な直接義務の原則に含まれる時）である。自由権の要求が妥当となるのは、他の者らが気分次第で私たちの自由を妨害してはならないという直接義務を負う時（つまり、妨害を禁じる義務が、妥当な直接義務の原則に含まれる時）である。もちろん、この説明はそれ自体が説明を要する。特に、「直接義務」について何かしらの説明が必要なのは明らかだろう。これや関連する概念については後の章で掘り下げる。権利を妥当な要求とする分析については、第六章で人間の権利を議論する際、および第八章でカール・コーエンによる動物の権利への反論を検証する際に、再び光を当てたい。本章を終える前にもう一つ、注目したい最後の概念がある。

道徳的統一性――尊重

立入禁止。切り札。平等。正義。これらは道徳的権利の意味と重要性を考えた際に浮上する概念である。いずれも欠かせないが、いずれも中核の思想を統一するには至らない。が、尊重という概念はこれをなしうる。

本章で挙げた諸権利（生存権・自由権・身体に関する自己決定権）は基本構想の応用であり、その基

訳注1　この段落は説明が凝縮されているので難解であるが、第六章で再び解説するのでひとまず理解を保留してよいと思われる。なお、「妥当な直接義務の原則」は「《妥当な直接義務》の原則」ではなく「妥当な《直接義務の原則》」と読まれたい（「妥当な」が「直接義務」ではなく「直接義務の原則」全体にかかる）。

本構想とは尊重を指す。人権擁護派の観点からみると、私はあなたの生活に関わる範囲でこれらの権利を尊重することにより、あなたへの尊重を表わす。あなたは私の生活に関わる範囲で同じように振る舞うことにより、私への尊重を表わす。尊重が基本構想の位置を占めるのは、互いの尊重ある扱いというものが、めいめいの有する他の諸権利を尊重する形で互いを扱うことにほかならないからである。こう考えると、私たちの最も基本的な権利、私たちが有する他の諸権利を統一する権利は、尊重をもって扱われる権利となる。他の諸権利が侵害されれば、私たちは尊重なき扱いを受けたことになる。

動物の権利?

この大きな道徳的前提に照らすと、動物の権利論争の重要性が浮き彫りになる。もし、もしも動物たちが先のような諸権利(生存権や身体に関する自己決定権)を有するのであれば、畜産や生物医学研究における動物の扱いは権利の侵害に当たり、悪となり、その行ないによって人間が過去にどれだけの恩恵を得てきたか、それを未来も続けることで人間が今後どのような恩恵を得られるかに関係なく、阻止されなければならない。

動物の権利を否定する哲学的対抗者もこの点を認める。コーエンいわく、「もしも動物たちがともかくも何らかの権利を有するのであれば、動物たちは尊重される権利、人の利益を高めるための道具として利用されない権利を有する。……いうところの人の利益がどれほど重要に思われても、である」。特に、もしも人間以外の動物が道徳的権利を有するのであれば、動物を利用する生物医学研究は悪であり、阻止されなければならない。コーエンはさらに、ポリオその他のワクチン開発における動物利用を、第二次世界大戦中のナチスの科学者によるユダヤ人小児を使った人体実験にまでなぞらえる。「もしも私たちが使ってきた動物たち、使い続けている動物たちが、人の子と同じく権利を有するのだとしたら、私たちがかれらに対し行なったこと、行なっていることは、ナチスがかのユダヤ人らに対しそう遠くない昔に行なったことと同じほどの極悪である」。

当然ながら、科学研究で動物モデルを使うことの道徳性についていえることは、商業的畜産業や毛皮取引の道徳性を評価する際にも当てはまるだろう。これらも、動物たちが権利を有するのであれば、やはり「極悪」であるに違いない。この点は確実にコーエンも認めるだろう。

しかし動物たちは現に権利を有するのだろうか。それ以前にそもそも、人間は権利を有するのだろうか。これらは以降で検証する最重要の問いに数えられる。現時点ではただ、動物の権利の擁護論は二、三行以内でまとめられるものではない、とのみ言っておく。動物たちが権利を持つゆえんを理解しようと思えば、まずは動物の権利を否定し、時に人間の権利をも否定する諸々の道徳理論を批判的に検証することが欠かせない。そうした理論の短所を理解すれば、なぜ人間の権利を認めなければならないかが理解できる。そして後者の立場をとるなら、それに続いて——私見では、それに先立ってではなく、続いて——なぜ動物の権利を認めなければならないかも理解できる。

このような次第で、先にもほのめかし、この後も再び述べる折はあるが、問題の性質上、私の動物の権利擁護論は段階的な性格を持ち、道徳性に関する他の考え方の短所に応じる形で打ち立てられる。他の考え方とはどのようなもので、それのどこに短所があるかは、次章以降で検証しよう。

第四章

間接義務論

ほとんどの人は動物が好きである。動物たちの苦しみに無関心な人はごく稀で、猫や犬、というよりどのような動物に対してであれ、故意に虐待を行なう者はさらに少ない。子供が子犬や子猫をいたぶっていたら、ほとんどの親や他の大人はすぐに見咎める。私たちはわが子が他者の痛みを引き起こす人間ではなく、それに共感する人間になってほしいと願う。多くの子供たちが人生の最初期に学ぶ共感の教えは、動物たちの苦しみに関わるそれである。

しかし私たちはほぼ誰でも動物虐待に反対する点で心を同じくするにもかかわらず、大半の人々は明らかに、様々な人間の利益を求めて動物たちを苦しめ殺すことを悪いと思っていない。少なくともそれが大多数のアメリカ人による行動と判断をみて言えることである。近年の世論調査によれば、約九八パーセントの人々は肉を食べ、明らかに過半数の者（七〇パーセント）は医療開発の動物実験を認め、毛皮着用をめぐっては人々の意見が割れている（五〇パーセントは反対、三五パーセントは賛成、一五パーセントはどちらでもない）。動物虐待に反対する人々が、他方では動物を苦しめ故意に殺すと分かっている行ないを支持する――どうすればこのようなことが起こりうるのか。

道徳哲学者も他の良心ある人々も、沢山の答を持っている。一部の哲学者が好む有力な説明によれば、私たちは動物に関する義務を負うことはあっても、動物に対する義務は負わない（訳注1）。この種の道徳理論に名称を与えておくのは便利だろう。以下で明らかになる理由から、私はこれを間接義務論と呼ぶ。本章では二種類のそれ（単純な契約論とロールズ流の契約論）を検証し、最終的に全ての間接義務論が、重要な貢献はしつつも、不充分であり、そう判断されなければならない理由を説明したい。

一つ例を挙げれば、間接義務論の基本的な論理ははっきりするに違いない。あなたが犬とともに暮らし、その犬を心から愛しているとする。隣人は同じ愛情を持たない。隣人は犬を迷惑に思い、その感情を隠そうともしない。ある日、あなたは彼が何の理由もなく故意に犬の脚を折っている場面を目撃する。間接義務論の支持者は、あなたの隣人が悪いことをしたのは認める。しかし犬に対してではない。その悪は、かれらによれば、あなたに対する悪だという。何にせよ人の心を乱すのは悪いことであり、この隣人は犬を傷つけてあなたの心を乱した。したがって悪を被ったのはあなたであって、犬ではない。あるいはこうも言える――犬の脚を折れば、隣人はあなたの財産を傷つけたことになる。他人の財産を傷つけるのは悪いことなので、隣人は悪をなしたといえる――すなわち犬ではなく、あなたに対してである。隣人が犬の脚を折って犬に悪いことをしたというのは、時計の針を折って時計に悪いことをしたというのに等しい。

全ての間接義務論は私たちが動物に対して義務を負うという考えを否定するが、その理由については意見が相違しうる。間接義務論の支持者が人間以外の動物に対する直接的な義務〔以下、直接義務〕を認めないのは、例えばそうした動物が神の似姿ではないからかもしれず、動物が私たちと違って抽象的な原則を用いた意思決定を行なわないからかもしれない。したがってある立場が間接義務論に分類された時には、重要な道徳的問いが残る。善の行ないは何によって善になり、悪の行ないは何によって悪になるのかは説明が必要であり、くだんの説明は俎上にのぼった間接義務論の特殊性によって変わる。が、種々の間接義務論に共通する一つの基盤として、利益の概念が挙げられる。この概念は以降で吟味する全ての道徳理論において中心的な役回りを演じるので、その前にもう少しこれに関し語っておくのがよいだろう。

二種類の利益

人々は二種類の利益を持つ。選好利益は、人々が関心を持つ物事、したいこと、欲しいものを指

訳注1　言い換えると、動物が関わる問題をめぐって義務が発生することはあっても、動物自身に対して義務が発生することはない、という考え方。

す。この利益は人によって大きく異なることが多い。例えばある人々はテニスよりもゴルフを好み、ある人々は逆で、さらに別の人々はどちらも好まず、むしろ本に没頭したり暇に任せてネットサーフィンしたりすることを好む。欲しいものも人によって違う。例えばある人々はクローゼットを服で一杯にしなければ満足できないが、別の人々は基本的なものがあれば充分だと考える。私たちが持つ選好《せんこう》〔物事の好み〕は、私たちがどのような人間かを定義するのに役立つばかりでなく、私たちがいかに違うかを記述するのにも役立つ。

福祉利益は概念として選好利益から区別される。福祉利益は私たちの得になる物事を指し、私たちが身体的・精神的に最低限の満足が得られる生活をしようと思った時に必要となる物品や条件も含む。食料・住居・健康は、選好利益を異にする私たちが共通に持つ福祉利益である。論理的に考えても経験に照らしても、二種類の利益は衝突することがあり、時にそれは悲惨な結果を招く。例えば深刻な薬物依存に陥った人々は、中毒を形成する選好利益を求め、最も重要な福祉利益を犠牲にすることで人生を滅ぼす。

間接義務論を支持する者の一部は、人間と動物の利益に関する特定の見方をもとに、私たちは動物に対する直接義務を負わないと考える。いわく、もし動物たちが現に利益を持つのだとしても、その利益は道徳に直接関わるものではない。かたや人間の利益は、選好利益も福祉利益も、道徳に直接関わる。そして、ある者の利益が道徳に直接関わらないのであれば、私たちはそうした相手に対し直接義務を負わないので、利益に関しこの見方をとるかぎり、私たちは動物に対し直接義務を負わないという結論が導き出される。これで先の隣人があなたの犬に対する義務を侵したことにならない理由も説明できる。あなたの犬が痛みの回避による利益を持つのだとしても、その利益は道徳に直接の関わりを持たないので、隣人が犬を傷つける行為も道徳に直接の関わりを持たない。これが正しければ、隣人が犬に対し直接義務を負うという考え、そして一般に、全ての人間が全ての動物に対し直接義務を負うという考えは、道徳的に無意味となる。

しかしなぜ動物の利益は道徳に直接の関わりを持たないなどということが言えるのか。犬が隣人に脚を折られて苦しむとしたら、理性的人間としての立場から、その痛みが道徳に直接関わることをどうすれば否定できるのか。論理的に考えても、今度は歴史に照らしても、この立場を弁護する一つの手立ては、人間以外の動物が具える痛みその他の感覚を否定することにある。この提案が常識に逆らうことは論をまたない。が、よく言われる通り、常識にしたがえば世界は平らにみえる。したがって私たちは、地球平面論者が惑星の形について思い違いをしているのと同様、動物たちの経験について思い違いをしているのかもしれない。注目すべきことに、一部の哲学者はまさにそうなのだと考える。

デカルト主義の昔と今

今しがた述べたように、間接義務論を支える一つの方法は、動物たちの意識を否定することにある。この提言が意味するところを十全に理解することは欠かせない。私たちが信じなければならないのは、人間以外の動物が私たちと同じ経験をただ漫然と送っているということではなく、かれらが私たちの理解や想像を超える別の経験を送っているということでもない。信じなければならないのは、動物たちが何も経験していないということ、かれらの精神生活はそもそも存在しないということである。この見方にしたがえば、動物は腕時計と同じで心を持たず、かれらをどう扱うべきかという問いは、タイメックス〔時計ブランドの一つ〕に対する義務を問うのと変わらない。道徳的観点からすれば、私たちは動物に対する義務を持たず、それはちょうど私たちが時計に対する義務を持たないのと同じである。代わりに、私たちは人間に対する義務を負い、それに時おり動物や時計が関わるに過ぎない。

なお、かつては一七世紀フランスの哲学者ルネ・デカルトの影響により、大勢の科学者が、人間以外の動物は心を持たず意識的経験を全く欠いているとの見方を熱烈に支持していた。デカルトの同時代人だったニコラス・フォンテーヌは、当時の支配的思想を次のように記録している。

〔デカルト主義の〕科学者らは至極冷淡な態度で犬に殴打を加え、自分が痛みを感じているかのように犬を憐れむ人々をせせら笑った。かれらに言わせれば動物は時計であり、打たれた時の叫びは小さなバネに手が触れた時の雑音と変わらず、その体に感覚はないらしい。かれらは憐れな動物たちの四肢を板に釘付けにして、大論争の的だった血液循環を見るべくその体を切り開いた。

デカルトは動物たちが何も意識しないという見解を支えるためにいくつかの議論を示すが、最も重要なのは言語使用能力に関するそれである。私たち人間が互いの精神生活を理解できるのは意思疎通が可能だからである。私は自分が見るもの、聞くもの、感じるものを言葉にし、あなたはあなたのそれについて同じことをする。私たちと違い、動物にはこれができない。かれらにはフランス語や英語のような言語を使う能力がないので、デカルトによれば、動物が何かを感じているとする決定的な証拠はないのだという。動物は（デカルトいわく）「自然の機械」、精神なき身体、生物学的なゼンマイ仕掛けの玩具であり、精神的意識がないという点で太鼓を叩く兎のカラクリと何も違わない。

デカルトの見方はあからさまに常識離れしているので、過去三世紀にわたり、ほとんど信奉者を得ることはなかった。それゆえに知って驚きといえそうなのは、この数年間にデカルト流の動物意識否定論がささやかな復活を遂げたことである。イギリスの哲学者ピーター・カラザースは新デカルト主義者の代表格を務める。デカルトの足跡をなぞってカラザースが論じるには、動物は言語を使用できないので思考することができず、思考することができないのでかれらは何も意識しない。トラバサミに捕まったコヨーテはひどく苦しんでいるように振る舞うが、そのコヨーテは経験しえないことの回避を利益とはしない。カラザースの見方によれば、動物の痛みは「無意識的」である。

人間以外の動物の意識的経験を否定するデカルトとカラザースの言語論は、論理的検証に耐えられない。考えてみればよい——人の子供は言語を使い始める以前に物事を意識している必要がある。仮にそうではなく、言葉を使いだす以前の子供は見ることも聞くことも感じることもできないのだとすれば、子供はいつまで経っても言葉を使えるようにならない。言語習得以前の子供が猫を見て私たちの声を聞くことができないのであれば、猫を持って指さしながら「ニャン子だよ」と教える行為には何の意味もない——そこには何の意味も生じえない。人の子がやがて言語を堪能に扱えるようになるには、言語習得以前に（したがって言語を介さずに）世界を意識していなければならない。この最後の点は重要である。物事を前もって恣意的に決めつけず、人間の非言語的意識の現実を認めるのであれば、動物たちの非言語的意識を即座に否定することはできない。無論、人間以外の動物の精神的意識を否定する者は、この世に生まれた無数の人間の中でも、ほんの一握りに過ぎない。ごく少数の人間が、人間以外の動物たちは腕時計と同じで利益を持たないと主張してきた。しかしデカルト主義者らが逆方向の確信を堅持できても、残りの私たちは常識人であり、人と他の動物たちが心理的に似通った存在であると認識している。私たちと同じく多くの動物は選好利益と福祉利益を持つ（どの動物がそうかという問いは後に考える）。かれらには欲しいもの、したいことがあり、避けたいもの、逃げたいこともある。そして一定の事物（食べもの・水・棲家など）は、最低限の満足が得られる生活をしようと思った時に、かれらが私たちに劣らず必要とするものである。

科学と動物の心

しかし他の動物の多くが人間と心理的に近い存在であることは、常識の教えに留まらない。最良の科学も同じ結論を支持する。ダーウィンは進化論を唱える中ではっきりそれを認めている。Naturam non facit saltum（自然は跳躍しない）という考え方は、人を含め、現存する生物種がどのように現われたかをめぐる彼の説において中核をなす。進化論の教えでは、精神的に複雑なものは、精神的により簡素なものから進化するのであって、精神的に複雑なもの、特に人の心が、全く心を持たないものからいきなり完全体として立ち現われるのではない。もしそうだとしたら自然はまさにとんでもない跳躍をしたことになる。進化論的にみれば、人ならぬ存在の世界には人間以外の心が息づいている。

ダーウィンの説は比較解剖学や比較生理学によって支えられる。人の身体や生理はどこからみても特殊ではない。むしろダーウィンがいうように、「人はその身体に［他種の動物の］末裔たる明瞭な痕跡を留めている」。人と他の動物の身体と生理にみられる、この構造と機能の類似性は否定しがたいほど明らかであり、その重要性は無視しがたいほど大きい。そこで、一七世紀フランスの哲学者ヴォルテールがデカルト主義をしりぞけて言った皮肉にならい、こう問うてもよいだろう――「自然は動物にものを感じるための手段一式を与えて、動物が何も感じないように計らったというのだろうか。……自然の内にそこまで失礼な矛盾を見出すのはやめよう」。
この点でダーウィンはヴォルテールに与《くみ》する。膨大な数にのぼる人間以外の動物たちが精神生活を送り、心理を有している。ダーウィン自身が、みずからや他の者による行動観察にもとづき、他の哺乳類に見て取った精神機能を一覧にしている。これは感動的な一覧で、喜びと痛みを経験する能力（情感）のほかに、恐怖・疑惑・勇気・怒り・恥・妬み・嘆き・愛・情、そして高次の認知機能である好奇心・注意・記憶・想像・理性をも含む。

　コヨーテや肉用子牛は、あるものを他よりも好む――そう信じたとしよう。また、あるものはかれらの得になる（つまりその経験的福祉状態に影響する）と信じよう。そして、この動物たちは過去の出来事を記憶し、未来の出来事を予期し、将来的にみずからの選好を満たすべく、意図的に行動できると信じよう。ダーウィンにとって、こう信じることは何ら不合理でも非科学的でもない。違いが表われるのは、記憶ないし予期できることがどれだけあるか、欲しいものやしたいことがどれだけあるかを問うた時である。

　例えば私たちが持つ過去の知識は、私たち自身の経験の境界を超えている。プラトンの生涯。ローマの滅亡。リスボンの地震。第二次世界大戦中の日系アメリカ人の強制収容。人間を除く他の動物はいずれもこうした知識を持たない。同じく、人間を除く他の動物はいずれも株式市場に気をもみ、フットボールチームの勝利に喜び、あるいは（再びダーウィンを引けば）「一通りの形而上学的思索を行ない、数学の問題を解き、神について考える」ことはない。が、そうだとしても、差異の根底には共通性がある。多くの重要な側面で、といっても無論全ての側面ではないが、人間と他の動物の精神生活は根本的に似通っている。

哺乳類が精神生活を送っているという見方の土台となる思考は、他の動物にも同じことがいえる可能性を否定しない。例えば鳥がこの点で落第すると考えるのは難しい。世界中で進む近年の研究は、鳥類に多様な認知機能があることを証明している。鳥たちが持つのは、経験から学習する能力、同種の仲間を教育する能力、論理的に思考する能力、秘密の行動が他の者にばれた際にそれを修正する能力などとなる。一例として、アメリカカケスは他のカケスに食料の隠し場所を見られた際には、引き返して食料を新しい場所へ移す。

鳥には利益があるのか。欲しいもの、したいこと、逃げたいもの、避けたいことがあるのか。ある条件はかれらの経験的福祉状態――生の良し悪し――に影響するのか。立証責任は当然ながら、これらの問いに否定的な答を出す者が負わなければならない。

さらに先へ行くべきだろうか。全ての脊椎動物は、魚も含め、利益を有するというべきだろうか。心理を、心を具える、と？　魚をここに含める根拠は決して薄弱ではない。人間と同じく、魚には複雑な生理・身体構造・脳・脊髄が具わっている。のみならず、魚の体表付近、特に口の周囲には、高度に発達した神経終末がある。ヴォルテールの精神にならうと、魚に痛みを感じる手段一式があることを認めておきながらその感覚を否定するというのは、生物学の気まぐれが過ぎるのではないか。これは奔放な擬人化ではない。獣医学博士のテルマ・リー・グロスは、今日の知見をまとめ、

「直接の観察経験と科学研究にもとづき、［魚を研究する専門家は］この動物たちが痛みを感じると認めるに至った」と述べる。

他の専門家によれば、安定した群れ（「家族」）で生活する魚は見た目や音で互いを認識する。魚たちは同種の仲間が過去にどう行動したかを記憶に留め、それに合わせてみずからの行動を変える。魚は縄張りや行動範囲を含め、環境の特徴をも記憶している。つまり、かれらは自身がどこにいて、どこへ向かっているかを理解している。年上の魚は若い魚に食べてよいものや避けるべきものを教え、あらゆる年齢層の魚は他の魚の行動を観察して食べもののありかを学びとる。さらに魚たちは認知行動学者が連想推論と称する能力を具え、過去に学習したことを将来の新しい状況に応用できる。魚は利益を有するか。あのまばたきしない瞳の奥には、心を持った誰かが存在するのか。

もちろん、魚や他の脊椎動物に精神的複雑さの一環をなす多様な機能を認めるのは行き過ぎだと考える人々はいるだろう。魚の脳は原始的で、中枢神経系は単純であるから、そうした高度な精神機能はとても担えない、との意見もあるだろう。良識にしたがうべきだ、「線を引く」場所は系統発生論的に魚や他の脊椎動物を除く範囲であるべきだ、と。

なるほど、そうかもしれない。しかしこれまた、そうではないかもしれない。私の気持ちがどちらに寄っているかははっきりさせておきたいが、議論の便宜上、私が支持する結論は最も論争の余地が少ない範囲、つまり哺乳類と鳥類に限定するということでも構わない（「最も論争の余地が少ない」というのは、先にみたように、一部の哲学者が哺乳類や鳥類も含め、人間以外のあらゆる動物の心を否定しているからである)。この動物たちに利益を、またそれとともに心理を認める根拠は、私たちが互いの内に心を認める根拠に等しい。常識が支えになる。かれらの行動が支えになる。かれらの生理と身体構造が支えになる。そしてかれらが利益を持ち心理を具えることは、確かな土台を持つ科学原理によって支えられている。このどれ一つとして、単体では動物に心があることの「証明」にはならない。これらは全て合わせた時に初めて、人間以外の動物の精神生活を示す強力な根拠となる。

というわけで、動物の心を信じる常識は充分な根拠を持つと結論できる。羊や豚、ミンクやビーバー、梟《ふくろう》や烏《からす》は、心を持った存在として世界にあり、己を示す。その精神生活は私たちのそれほど複雑ではなくとも、決して単純ではない。特にかれらは私たちと同様、選好利益も福祉利益も有する。動物たちの道徳的地位について理に適ったことを言おうと思えば、常識的な確信に即し、かつ蒙昧を脱した科学の知見を支えにしなければならない。

次へ進む前にもう一点述べておきたい。大勢の良心ある人々は進化論を信じない。この人々は人間が神によって一万年ほど前につくられた特別な存在だと信じる。かれらにとって、動物の心を示す進化論の証拠は全く証拠にならない。が、第一印象に反して、進化論の否定は前段でまとめた主な結論を無にするものではない。世界の宗教はいずれも、私たちが考えている問題に関し異口同音の答を示す。いずれの宗教もデカルト的な言葉を用いない。聖書、トーラー、クルアーンを読んでみればよい。儒教、仏教、ヒンズー教、あるいはアメリカ先住民の霊的著作を調べてみればよい。語られていることはどこでも同じである。哺乳類と鳥類はほぼ確実に心を持った存在として世界にあり、己を示す。この動物たちはほぼ確実に選好利益も福祉利益も有する。この点に関し、世界のあらゆる宗教は同じ教えを説く。

したがって、私が示した議論は進化論が示唆することを拠り所とするものの、私が至った結論は、進化論を信じない人々の宗教的確信とも完全に調和する。では神と進化論の双方を信じる人々はどうか。当然、そのような人々はどちらの方面からしても、この地球という共通の住処を私たちと同じくする他の動物たちに、心があると認める理由がある。宗教と動物については第八章で再び取り上げる。

単純な契約論

総じて（カラザースは数少ない例外の一人だが）、間接義務論の立場をとる現代の哲学者たちは、本書で扱ってきた動物たちが多様な経験を生き、その経験のいくらかが痛みを伴うもので、それ以外が快いものであることを認める。言い換えれば、ほとんどの間接義務論者はデカルト主義者ではない。ではこの哲学者らはどのように自身の立場を正当化するのか。この問いに対する最も有力な回答群の中に、契約論者と呼ばれる哲学者らの答がある。

基本的な考え方はこうである。二人の人物が契約を交わす時、両者はみずからの個人的な利益を高めよう、あるいは守ろうと考える。契約は署名する各人の利益を見込んで締結されるものであり、それが自分の得になると納得しない者は署名しない。

契約論者の考えでは、道徳もこうした契約行為の基本特徴を備える。その見方によると、道徳は全契約者がしたがうべき一群の規則からなる。契約者らが規則にしたがうのは、それが合理的な自己利益に適うからである。例えばかれらは、自分たちの安全を高めるために、自分も含む皆の自由を制限することが、個人的に得だと考えるかもしれない。あなたが私のものを盗まないと約束するなら、私もあなたのものを盗まないと約束する。私たちはお互い自主的に自由の一部を放棄するが、これで両者とも安全の向上という便益に浴する。

善の行ないは何によって善になるのか。悪の行ないは何によって悪になるのか。契約論者は盗みの例をもとに答を一般化する。行為は妥当な規則に適合するなら善になり、妥当な規則に適合しなければ（それに違反すれば）悪になる。規則の妥当性は契約者たちの自己利益によって決まる。すなわち妥当な規則とは、契約づくりに参加した者全員がそれにしたがった際に、契約者らの合理的な自己利益を高める規則をいう。

この種の契約論を、ここでは「単純な契約論」と呼ぶが、これによって契約者たちは、多くの人々が浴せない道徳的地位を得られる。この仕組みは見逃せない。契約づくりに参加する者たちの利益は、契約の基盤をなすので、道徳に直接の関わりを持つ。ゆえにこの人々に対しては直接義務が発生する。かたや契約づくりに参加しない者たちの利益は、契約の基盤をなさないので、道徳に直接の関わりを持たない。ゆえにこの人々に対しては直接義務が発生しない。この違いは、例えばあなたが幼い子供であったら、重大な意味を持つ。幼い子供は自分にとって何が合理的な自己利益になるかを判断できないので、契約づくりに参加できない。よって子供たちの利益は道徳に直接の関わりを持たず、直接義務も発生させない。すると契約者たちは道徳的な縛りを受けず、好きなように子供を扱ってよいのだろうか。そうとも限らない。もし契約者たちが利己的な理由から（例えば老後に自分の面倒を看させたいなどの理由から）わが子は大事に扱われるべきだと考えるのであれば、合理的で利己的な契約者らが、子供は大事に扱われるべきであるとの規則を設けても不思議ではない。つまり、子供に関する義務は生じうる。が、子供に対する義務は生じない。私たちの義務はこの場合、契約をつくった合理的で利己的な人々に対する直接義務から派生する。

　動物のことを考えると、かれらは契約を理解できず、参加もできない。したがってかれらの利益は道徳に直接の関わりを持たない。ここまで認めれば、動物に対する直接義務は発生しないという結論も驚くに当たらない。しかし子供と同様、一部の動物たちは他の者が抱く情緒的利益の対象となる。充分数の契約者が大事にする動物たち（猫・犬・鯨・幼いアザラシ）は、直接義務の対象にはならないが、一定の間接的保護を受けると考えられる。例えば契約者たちが動揺するとの理由で猫肉食や犬肉食を禁じる規則がつくられるかもしれず、契約者たちが可愛がっているとの理由で幼いアザラシを守る規則がつくられるかもしれない。情緒的利益が全く、もしくはほとんど向けられない他の動物たち――研究所で利用される何百万匹もの齧歯類《げっしるい》や、食用で屠殺される何十億もの鶏など――については、ありったけの間接義務もごくごくわずかとなり、おそらく無に等しくなる。この動物たちが被る痛みと死は、現実として存在しても、気にする者がいなければ悪ではない。

道徳的地位に関する単純な契約論の考え方は単刀直入である。誰が道徳的価値を宿すか。契約づくりに参加する個人らである。誰が道徳的価値を宿さないか。契約づくりに参加しない者たちである。したがって人間以外の動物たちは、心理学的にどれほど契約者たちと似通っていても、道徳的地位を持たない。同じことは契約締結能力として前提される機能を具えない全ての人間（幼い子供など）にも当てはまる。それどころか、これから手短にみるように、単純な契約論のもとではそういった機能を具える人間でさえ道徳的地位を持たない。この点で単純な契約論者の先行きは暗い。

▼単純な契約論の評価

単純な契約論には独自の魅力がある。この理論は道徳的な善悪を決める際に理性が果たす中心的役割を強調するので、道徳を無反省な感情に落とし込む立場や、道徳的善悪をたまたま私たちが生まれ落ちた社会の支配的慣習と同一視する考え方には別れを告げる。これは単純な契約論が持つ強みに数えられる。弱みについては、ここでは二点のみ記す。第一の点は、この立場が正義の概念を歪めることに関わる。第二の点は、この歪みがもたらす道徳的に受け入れがたい帰結のいくつかを浮き彫りにする。

歪みの問題から考えよう。道徳は、単純な契約論者に言わせると、合理的で利己的な人々が遵守《じゅんしゅ》に合意した規則群からなる。それはどのような人々か。もちろん、契約をつくる者たちである。これは規則づくりに参加する者たちにとっては大いに結構であるが、そこから締め出される者たちにとってはそれほど結構ではない。そして単純な契約論には、理性的能力を持つ人々の一部を契約づくりへの参加から締め出してはならないとする根拠は何もない――強調のためにもう一度繰り返せば、単純な契約論の中にそのような根拠は何もないのである。基本的正義をひどく歪めないかぎり、こうした枠組みは容認されえない。

この歪曲を見えやすくするために、基本的正義の要請を考えてみよう。基本的正義は全ての者を公正に扱うこと、すなわちある集団に身の丈以上のものを与えず、他の集団からその身の丈に合ったものを奪わないことを求める。例えば福祉利益について考えると、もしも食料と住居に浴せる利益が、私とあなたとで同等であれば、利益にもとづく道徳枠組みの中で、他の条件が同じであるかぎり、私の利益をあなたのそれ以上に重視することは公正を欠く。同等の利益に同等の価値を認める。それが利益に関し、基本的正義ないし公正が求めることである。

単純な契約論は基本的正義に縛られない。何が正義か不正か、公正か不公正かは、契約者たちが決めることなので、一部の者の利益は全く無視され、他の者の利益は遥かに重視・尊重されるという事態も起こりうる。この理由一つで、単純な契約論に理性的な賛同を示すことはできない。

しかし単純な契約論を拒むべきゆえんはこの理由一つではない。右で指摘した正義の歪曲は（と、ここで二点目の批判に移るが）道徳的に受け入れがたい帰結を伴う。これがはっきりするのは、道徳的契約づくりへの参加機会を奪われかねないのはどのような人々かを問うた時である。理論の性質上、それは契約者らが利己的理由で排除したい人々と考えられる。明らかに候補となりうるのは人種的少数派だろう。契約者たちにとっては、少数派の人々が売り買いされ、奴隷労働を強いられるなどの状態が最大の利益になるかもしれない。契約者らが排除と搾取を求める利己的理由を持っていれば、他の脆弱な集団に属する人々（身体的困難や精神的障害を負う人々など）も同じ目に遭うかもしれない。

これらの例で分かるように、単純な契約論は危うい帰結をもたらし、抑圧的なカースト制から組織的な人種差別や性差別まで、露骨極まる社会的・経済的・道徳的・政治的不正を許しかねない。契約の範疇に入らない者は苦しませておけばよい。契約者たちが「外部者」の苦しみは道徳的問題にならないと考えたのであれば、それは問題にならない。この展望は道徳的にみて慄然《りつぜん》とせざるを得ない――例えば道徳的契約が偏見に凝り固まった多数派の白人によってつくられた場合、少数派のアフリカ系アメリカ人を奴隷化することは何も悪くないなどということになるのだから。何が正解であろうと、これよりは良い道徳理論が存在するはずである。

単純な契約論が動物に関して導き出す帰結は、察しの通り、自明で驚くに当たらない。動物たちは契約づくりへの参加に要求される能力を持たないので、契約者たちはかれらに対し直接義務を負わない。それどころか動物たちの利益は道徳に何ら直接の関わりを持たず、契約者らの意向次第で完全に無視してよいものとなる。したがって基本的正義は人間以外の動物の場合も人の場合と同じく容易に侵犯されうる。

これは私たちと他の動物の道徳的関係を検討する上で不満のない考え方だろうか。単純な契約論にもとづいて、動物たちとその利益を道徳的配慮から除外することは、正当たりうるだろうか。そこに筋を通すのは難しい。他の人間の扱いを考える点でほとんど推奨できるところのない道徳理論は、他の動物の扱いを評価する上でも良い基盤になるとは思えない。とりわけ、一部の人間を奴隷として扱ってもよいと示唆するような道徳理論では、動物の奴隷化を認める理由もまともにはならない。道徳理論が信頼を得たければ、これよりは優れている必要がある。

ロールズ流の契約論

今しがた吟味した契約論は単純な種類だと認めてよい。そして契約論の支持者に対し公平を期すなら、より磨きのかかった精巧かつ秀逸な契約論も考えられる。例えば故ジョン・ロールズは、記念碑的著作『正義論』で、斬新な契約論の解釈を示す。単純な契約論と同じく、ロールズのそれも私たちが動物に対し直接義務を負うことは否定する。が、単純な契約論と違い、彼の理論は人種や性にもとづく人間の差別を認めず、奴隷財産制のような悪しき制度も許さない。なぜか。

ロールズが提案するのは、私たちが契約者を志願する立場に身を置き、人々を分かつ特徴を無視することである――人種や階級、知性や技能、さらに出生日や居住地が、くだんの特徴に当たる。私たちはロールズがいうところの「無知のベール」によって、こうした個人的な詳細を隠されていると想像しなければならない。ロールズはその状況をこう説明する。

誰も自分が社会に占める位置、すなわち階級や社会的地位を知らず、天性の才能や能力にどれだけ恵まれているか、自分の知性や強みやその他がどうであるかを知らない。さらに人々は善の概念や自身の特殊な心理的傾向も知らないものとしよう。無知のベールに覆われた状態で正義の原則を〔選択すれば〕……原則の選択時に自然の運や偶然的な社会状況よって有利不利を被る者は生じない。全ての者が同様の状況に置かれ、誰も自分固有の条件を利する原則を立てることはできないのだから、正義の原則は公平な合意ないし交渉によって打ち立てられる。

こうした詳細は隠されているにもかかわらず、私たちはいつか自分がこの正義の基本ルールを設けた社会の一員になることを知っている。契約づくりへの参加に必要なのはただ一つ、「正義の感覚」を持っていることであり、これは「普段から少なくとも最低限の範囲で正義の原則を適用し、それにしたがって行動しようとする願望」と説明される。あるいは（ロールズは参加資格の条件を別の角度から説明するので）、参加者は「どのような原則が採用されても、それを理解し、それにもとづいて行動する能力」が要される、と言い換えてもよい。

無知のベールに包まれた契約者たちがどのような規則や原則を選ぶかはさしあたり重要ではな

く、むしろその選択の手続きのほうが注目に値する。ロールズの手続きは明らかに単純な契約論のそれよりも優れており、後者に対する二つの反論を振り返れば、こちらは高く評価されてよい。まず、単純な契約論は基本的正義の考え方を歪めるものだった。契約者たちは契約づくりへの参加機会を否定される者に比べ、自身の利益を過大に評価することができる。ロールズ流の契約論はこれを許さない。契約者たちは自分がどのような者になるかを知らないので、万人の利益が考慮されること、しかも平等に考慮されることを確実にしたいと願う。この条件を満たさないで事足れりとすると、自分がどのような者になるのであれ、自己利益を守り損ないかねない。この点でロールズ流の契約論は単純な契約論よりも優れている。

　ロールズは第二の批判にも答える。それは単純な契約論が道徳的に受け入れがたい帰結をもたらし、人種的少数派の人々をはじめ、契約の射程から漏れ落ちる集団の組織的搾取を容認するという問題だった。ロールズが考える契約者たちは当然これを認めない。無知のベールに覆われた契約者たちは、自分がどの人種になるかを知りえない。つまり、自分が多数派の人種に属することとなるか、少数派の人種に属することとなるかを知らない。その知識がなければ、利己的な契約者たちとしては当然、少数派の人種に属する者も含め、いかなる人間集団も搾取されないことを請け合うのが理に適った選択となる。つまるところ、少数派の人種はことによると自分が属する人種かもしれない。というわけでこの点でもまた、ロールズ流の契約論は私がいうところの単純なそれよりも優れている。

ロールズは正義に焦点を絞っているが、自身の手続きが「正義に限らず、あらゆる倫理原則の選択に応用できる」ともいう。してみると単純な契約論の記述に用いた言い回しでロールズのそれを記述してもよいだろう。行為は妥当な規則に適合するなら善になり、妥当な規則に適合しなければ(それに違反すれば)悪になる。規則の妥当性は皆がそれにしたがった時に合理的な契約者たちの自己利益を高めるかどうかで決まる。ロールズの立場と単純な契約論の手続き的な違いは、前述の通り、どのように規則が選択されるか、そしてある程度は、誰が選択の過程に参加できるかに表われる。

▼ロールズ流の契約論の評価

ロールズの「無知のベール」は哲学者たちから多数の批判を受けた。その批判が真っ当かどうかはさておき、「無知のベール」が正義と公正について一つの考え方を示しているのは間違いない。人々は合理的な自己利益を視野に正義の原則を選ぶのであるから、例えば自分が白人男性になると知っている者は強い利己的理由によって、白人男性の利益に特別な道徳的地位を与える規則を選ぼうとするだろう。しかし公正は肌の色や性に無関係でなければならない。正義の観点からすると、ある集団の利益が人種や性ゆえに無視されること、他の者たちの同様の利益よりも軽んじられることは、あってはならない。人種や性だけを根拠として、ある集団の利益に特別な道徳的地位をあてがい、さりげなく他の集団の同様の利益に低い地位をあてがうことは、最悪とされる二種類の偏見、人種差別と性差別の典型表現となる。ロールズの「無知のベール」は、これらや他の偏見が正義の原則を選ぶ際に余計な影響をおよぼさないようにするための仕組みである。

しかしながらロールズ流の契約論は、最悪の部類に属する偏見群の道徳的正当性を否定しているのは確かだとしても、偏った帰結と全く縁がないわけではない。ロールズの見解では、私たちが直接義務を負う相手は「正義の感覚」を持つ人間、つまり「普段から少なくとも最低限の範囲で正義の原則を適用し、それにしたがって行動しようとする願望」を持つ人間に限られる。人の幼児や、年齢を問わず重い精神的困難を抱える人々は、この条件を満たさない。この人々の精神機能（例えば情感、知覚、記憶、様々な感情など）を認めたとしても、ロールズがいう「正義の感覚」をかれらに見て取る根拠にはならない。したがってこの点でロールズ流の契約論は単純な契約論と区別がつかなくなる――どちらもこうした人間に対する私たちの直接義務を否定する。そしてそれゆえに、どちらにもさらなる道徳的偏見を見て取ることができる。それは広く捉えた人類の中の、最も脆弱な成員に対する偏見で、まだ名称を持たない点だけが他の偏見と違う。

以下の例は私が案じる偏見を浮き彫りにする。あなたが強盗に押さえつけられて金を盗まれたとしよう。あなたは切り傷やあざを負う――軽傷には違いないが痛いものは痛い。ではあなたの状態とともに、イギリス庶民院特別委員会でアイザック・パーカーが行なった次の証言を考えてほしい。時代は一七九〇年、委員会の議題は大西洋奴隷貿易である。パーカーが語ったのは、食事を摂ろうとしない病気の子供と、意地でも食事を摂らせようとするマーシャル船長の事件だった。

子供はすねて食事を摂ろうとしませんでした。……船長は子供の腕を摑んで立ち上がらせ、鞭で叩きました。……子供の足が腫れると、船長は調理人に湯を温めさせ、それで腫れが治まるかをみようとして、湯の加熱を命じました。それから子供の足を湯の中へ入れるよう命じましたが、調理人は指を湯に入れて「船長、これは熱すぎます」と言いました。船長は「知るか、気にするな、足を入れろ」と言い、その通りにしたら皮膚と爪が剝がれました。……私は子供にいくらかの食べものを与えましたが、食べようとしません。すると船長は再び子供を立ち上がらせ、鞭打って「クソったれ、俺が喰わせてやる」と言いました。これが四日から五日にわたり、食事の時間に繰り返されました。……最後に子供を立ち上がらせて鞭打った後は、子供が手からずり落ちるに任せて「クソったれ、俺が喰わせてやる、喰わないならブチ殺してやる」と〔言いましたが〕、四五分後に子供は息を引き取りました。

この憐れな子供にとっては、死こそが想像を絶する苦痛からの恵み深い解放だったに違いない。マーシャル船長に虐待されていたのがわずか生後九カ月の子供だったと知れば、（まともな人間なら）心底胸が悪くなるだろう。人間が堕ちる腐敗の極みに、私たちは衝撃を受けずにいられない。そしてそうでなければならない。

さて、そこで私たちの前には二つの問題がある。強盗がもたらしたあなたの比較的軽い痛みと、右の子供が被った想像しがたい痛みである。私たちはこう考えるべきなのだろうか――あなたの痛みは正義の感覚を持つ者の痛みであるから道徳に直接関わるが、子供の痛みは正義の感覚を持たない者の痛みであるから道徳に直接には関わらない、と？　こう考えるべきなのだろうか――道徳的観点からみると、あなたの小さな痛みはそれより遥かに大きな子供の痛みよりも重要だ、なぜならあなたの痛みは正義の感覚を持つ者の痛みで、子供のそれは違うのだから、と？　こう考えるべきなのだろうか――あなたが被った直接的な悪の中には強盗がもたらした痛みも含まれる、しかし子供は何ら直接的な悪を被っていない、それもやはりあなたが正義の感覚を持つのに対し、不幸な子供はそれを持たないからだ、と？

ロールズはこれを全肯定しているに等しい。彼の思考がこの結論に至ることは疑問の余地がないと思われる。よって少なくとも私見では、彼が子供ほか、理性的能力を欠く人間の道徳的地位に関し、偏った考え方をしていることも疑問の余地がない（これが彼一人の問題でないことは、第六章で道徳的エリート主義の議論とカント思想の評価を行なう際に確かめる）。いずれにせよ、道徳が利益の面から解釈されるなら、正義の感覚を持つ者と持たない者がいるというだけの理由で、ある人々の利益が無視されること、他の人々の同様の利益よりも軽んじられることは、あってはならない。

人間以外の動物は、ロールズの考え方を前提するなら良い運命を迎えられない。というのも、契約者たちは無知のベールによって自分のアイデンティティに関する詳細を伏せられているが、一つだけ、重要な事実を知ることが許されているからである。契約者たちは皆、自分が人間として世界に生まれ存在することを知っている。したがってロールズが動物に対する私たちの直接義務を否定することに驚きはない。合理的で利己的な契約者たちは、動物の利益が道徳に直接の関わりを持つと認める利己的理由を有しえない。ゆえに動物への直接義務を認める理由もしかりである。なぜか。契約者たちは自分(人間の契約者)がかれら(人間以外の動物)にならないことを知っているからにほかならない。つまりロールズが動物への直接義務を否定するのは予定調和であり、トランプの山にあらかじめ仕組んだ札を配るに等しい。

一部の批判者は、いま要約したロールズの立場が、人種差別や性差別と同様の道徳的偏見に陥っているとみる。この偏見は種差別、すなわち人間の利益は人間の利益だから、そして、人間ではない動物の利益は人間の利益ではないから、というだけの理由で、人間の利益を動物の利益よりも高く見積もる差別である。ロールズはまさにこれを犯しており、その点に疑問の余地はないと思われる。重要な問いは、それをもって彼の理論が正確かつ公平な意味で偏っているといえるか、である。私はいえると思う。

先の例を改変してみれば理由が分かるだろう。あなたが強盗に押さえつけられて金を盗まれたとしよう。あなたは切り傷やあざを負う——軽傷には違いないが痛いものは痛い。次に、パリのポール・ロワイヤル修道院で科学者らに生体解剖された犬の痛みを想像しよう——犬たちは麻酔も打たれず板に四肢を釘留めされ、体を切り開かれた。私たちはこう考えるべきなのだろうか——あなたの痛みは人間の痛みであるから道徳に直接関わるが、犬の痛みは犬の痛みであるから道徳に直接には関わらない、と? こう考えるべきなのだろうか——道徳的観点からみると、あなたの小さな痛みはそれより遥かに大きな犬の痛みよりも重要だ、なぜならあなたの痛みは人間の痛みで、犬のそれは違うのだから、と？　こう考えるべきなのだろうか――あなたは強盗がもたらした痛みによって直接的な悪を被った、しかし犬は何ら直接的な悪を被っていない、それもやはりあなたの痛みは人間の痛みで、犬の痛みは違うからだ、と？

ロールズはこれも全肯定しているに等しい。彼がそうしていることは疑問の余地がないと思われる。よって彼が道徳に関し、偏った考え方をしていることも疑問の余地がない（同じ偏りは少なくとも哲学者のあいだで至極ありふれているにせよ）。先述した基本的正義の観点からすると、「好ましい」人種や性に属さないというだけの理由で、ある人々の利益が無視されること、他の人々の同様の利益よりも軽んじられることは、あってはならない。同じことは種の帰属についてもいえる。基本的正義の観点からすると、「好ましい」種に属さないというだけの理由で、動物たちの利益が無視されること、人間たちの同様の利益よりも軽んじられることは、あってはならない。そしてちょうど、人種や性だけにもとづいてある集団に特別な道徳的地位をあてがい、さりげなく他の集団に低い地位をあてがうことが、人種差別と性差別の典型表現となるように、種の帰属だけを根拠として人間に特別な道徳的地位をあてがい、さりげなく他のあらゆる動物に低い地位をあてがうことは、類似の偏見、種差別の典型表現となる。

種差別

ロールズはこの批判に答えないが、哲学者のカール・コーエンは答える。種差別主義者を自認する(「かつそのことを誇りにする」)コーエンは、人間の苦しみは動物たちの同様の苦しみよりも重要であり、それは人間が人間だからだと考える。コーエンいわく、「人間の民族集団には道徳に関係する違いがない」のに対し、人間と他の動物のあいだには「道徳に関係する大きな違いがある」。特に、人間は「道徳的な自律性を持つ」が他の動物はそうではなく、私たちは道徳的な選択を行なってそれに道徳的責任を負うが、他の動物は違う。

この種差別擁護は全く擁護にならない。ここでは、かなりの割合を占める人間集団(例えば生後数年の子供など)が道徳的な自律性を持たないという事実が都合よく看過されている。が、そればかりでなく、道徳的な自律性はそもそも当面の問題に関わらない(ちなみに同じことはロールズの「正義の感覚」にもいえる)。一つ例を示せば理由が分かるだろう。

ある人物が、ジャックはジルよりも賢い、なぜならジャックはシラキュースに住み、ジルはサンフランシスコに住んでいるからだ、と言ったとしよう。二人の住んでいる場所は確かに違う。そして人々の住んでいる場所は時に意味のある勘案事項となる(例えば人口調査を行なう時や税金を取る時など)。しかし住んでいる場所の違いが賢さの違いと論理的に繋がらないことは誰にでも分かるだろう。これに異を唱えるのは関連性の誤謬《ごびゅう》といって、初等論理学の授業を受けた人にはおなじみの誤りである。

種差別主義者が、トートー〔動物でも人間でもよい〕の苦しみはドロシーの同等の苦しみよりも重要ではない、なぜならドロシーは道徳的な自律性を持ち、トートーは持たないからだ、あるいは、ドロシーは正義の感覚を持ち、トートーは持たないからだ、と論じれば、同じことになる。ジャックはジルよりも賢いか、が問題である場合、ジャックとジルは違う町に住んでいる、と言われても、どちらがどうと判断する有意味な根拠を得たことにはならない。同じく、トートーの痛みはドロシーのそれと同等の重要さを持つか、が問題である場合、ドロシーは道徳的な自律性を持ちトートーは持たない、あるいは、ドロシーは正義の感覚を持ちトートーは持たない、と言われても、どちらがどうと判断する有意味な根拠を得たことにはならない。

こうしたことが有意味な根拠にならないのは、道徳的な自律性の能力なり何なりが、人間と他の動物の利益に関する道徳思考に全く関わらないからではない。時にそれは意味を持つ。もしもジャックとジルがこの能力を持つなら、両名はみずからの良心にしたがって自由に行動できることを利益とするだろう〔が、トートーは違う〕。その意味で、ジャックおよびジルとトートーとの違いは、確かに道徳に関わる。しかし道徳的自律性が一種の利益を評価・考量するに当たって道徳に関わるとしても、それが一切の利益を評価・考量するに当たって道徳に関わるとはいえない。そしてこの能力が関わらない利益の一つに、痛みの回避によるそれがある。論理的にみて、トートーが道徳的自律性を持たないとの理由でトートーの痛みを軽んじるのは、ジルがシラキュースに住んでいないとの理由でジルの知性を軽んじることと完全に重なる。

したがって問題は、種差別的な判断を擁護できる有意味な根拠を示せるか、である。すなわち、人間の痛みと動物の痛みは、種以外の面で同等だったとしても（これは同等な快楽・便益・被害・利益などにも当てはまるが）、常に人間の側が重要となるよう道徳的に評価すべきだと、正当な理由にもとづいて言うことができるのか。この問題に対して、ロールズもコーエンも論理的に有意味な回答を示せてはいない（その点は他のあらゆる哲学者も同様である）。人間の利益は人間の利益なのだから、他の動物の同様の利益よりも重要である、とする判断への固執は理性的に擁護できない。種差別は道徳的偏見である。そして（コーエンが逆の確信を抱いていようと）それは不正であって正当ではない。

道徳的偏見を排し、動物の利益が動物の利益であるという理由で無視ないし軽視されてはならないと認めるなら、かれらに対する直接義務を認める道が開かれる。先述したように、直接義務は道徳に直接関わる利益を持つ者に対して発生する。デカルト主義者らの見方に反し、人間以外の動物たちも利益を持つことは否定できず、単純な契約論者やロールズ流の契約論者に反し、動物の利益が道徳に直接関わることも否定できない。よって、利益を有する動物たちには直接義務が発生する。これが先の分析から導かれる結論であり、この結論は次の問題を考えてみればさらに確証を得られる。

私が悪意をもってあなたの脚を折り、ひどい怪我と多大なゆえなき痛みを負わせるとしよう。次に、私が悪意をもってあなたの犬の脚を折り、ひどい怪我と多大なゆえなき痛みを負わせるとしよう。二つの行為には有意味な共通性がみられる。どちらの場合でも、私は正当な理由なく、あることを行ない、それで他の者にひどい怪我と多大な痛みを負わせる。そして、有意味な点で共通する問題には、共通の判断を下さなければならない。道徳的思考から恣意性と偏向を排そうとするなら、この原則は自明である。が、右の件について次のように考えるなら、私たちの道徳的思考は恣意性と偏向を排しているとはいえない――あなたはひどい怪我と多大な痛みから免れることを利益とするので、私が悪意をもってあなたの脚を折るのは、私があなたに直接負っている義務を破る行為となる、しかしあなたの犬がひどい怪我と多大な痛みから免れることを同様の利益としていても、私が悪意をもって犬の脚を折るのは、私が犬に直接負っている義務を破る行為とはならない。恣意的で偏った思考に基づき、有意味な共通性がみられる問題に異なる判断を下そうとしないかぎり、一方の義務を直接義務としつつ、他方をそうでないものと位置づけることは不可能である。本章の主目的は、なぜそれがよくないのかを示すことにあった。

もちろん、先にみたデカルト主義者たちよろしく、人間以外の動物に具わる痛みその他の意識を否定することは可能であり、この計略を用いれば、ロールズ流の契約論が偏っているという批判も無力化できるだろう。もしも動物たちが私たちに何をされようと何も感じないのであれば、一方で人間にゆえなき痛みを負わせてはならないとする直接義務を認めつつ、他方で動物に対する同じ直接義務を認めなかったとしても、偏っていることにはならないだろう。しかしロールズにとって名誉なことに、彼は根強い常識に囚われていたので、ポール・ロワイヤル修道院の犬たちが何も感じず、ゆえに苦しみえず、現に苦しまなかったとは信じなかった。ロールズの問題は、今日的な新デカルト主義者の仲間入りを果たしたことにあるのではない（その中にはカラザースをはじめ、デカルト主義を契約論の基盤に用いる者もいる）。ロールズの問題は、その道徳枠組みにおいて人間以外の動物を直接の道徳的配慮から除外していることにある。

私見では、間接義務論は最も秀逸なものも含め、いくつかの利点を加味してもなお、総じて不満、特に動物の道徳的地位に関する点で不満があり、不満とされなければならない。動物に関し、間接義務論の支持者には選択肢がある——自身の立場の根拠として、動物は利益を持たないと主張するか（カラザースが則るデカルト主義の選択肢）、あるいは動物は利益を持つがその利益は道徳に直接の関わりを持たないと主張するか（ロールズが則る非デカルト主義の選択肢）である。本章で述べた理由により、どちらの選択肢も不満である。何を疑うことができたとしても、これだけははっきりしている——人間が食用に育て、毛皮のために捕らえ、研究で用いる動物たちは直接義務の対象となる。間接義務論は（定義上）人間以外の動物に対する直接義務を否定するので、いずれの種類も誤りであり、いずれの種類も誤りでなければならない。次章では二つの道徳理論を検証するが、これらは動物が私たちに対する権利を有することは否定しながらも、かれらに対し私たちが直接義務を負うことは認める。

第五章
直接義務論

人間と動物は直接義務の対象となる。ここまでは分かっている。それ以上に分かることがあるだろうか。特に、その義務がどのようなもので、なぜ私たちがかれらに対しそれを負うのかは、分かるのだろうか。本章ではこれらの問いに対する二つの答を検証するが、どちらも権利という概念を用いない——動物の権利も人間の権利も、である。最初にみるのは残酷・親切論であり、続いて功利主義といわれる立場の一種を考える。両者はともに直接義務論の例であり、あらゆる間接義務論とは対照的に、人間以外の動物が直接義務の対象となることを主張する。

残酷・親切論

簡単にいうと、残酷・親切論は、私たちが動物に対し親切に接する直接義務と、残酷に接しない直接義務を負うと主張する。親切の義務が直接義務であるとは、親切が動物たち自身に対して負う義務であり、動物の扱いに影響されうる人間らに対して負うそれではないことを意味する。そして同じことは残酷行為の禁止にもいえる――残酷に接しない私たちの義務は動物たちに対して直接負うものである。

動物への親切を支持し、残酷行為を非難する哲学者の中には、くだんの義務が直接義務であることを否定する者もいる。この哲学者たちが動物への親切を勧め残酷行為を戒めるのは、そうした行ないが人間性に影響し、他人の扱いの原型となるからである。プロイセンの大哲学者イマヌエル・カントいわく、「物言わぬ動物に対する温厚な感情は、人間に対する人道的な感情を育てる」。だからこそ私たちは動物に親切でなければならない。残酷性についていえば「動物に対し残酷な者は人の扱いも酷になる」。だからこそ私たちは動物に対し残酷であってはならない。

こうした考え方はカント一人だけのものではない。一七世紀イギリスの哲学者ジョン・ロックは同じ見方をする。ロックはいう。

子供たちによくみられることの一つは、何であれ憐れな生きものを手にすると粗末に扱うという事実である。かれらはしばしば、自分が手にした幼い鳥や蝶やその他の憐れな動物をいたぶり、至極手荒に扱い、しかもみたところそれに一種の快楽を覚えている。私は子供たちのこうした振る舞いに目を光らせなければならないと思う。かれらが何かそうした残酷行為におよぶ性癖を持っているようであれば、逆の扱いを教えてやらなければならない。というのも獣をいたぶり殺す習慣は、次第に人に対する感情をも冷酷にするからである。そして下位の生きものの苦しみと死を喜ぶ者は、自分と同類の者に対してもそう情け深く恵み深い人間にはなりにくい。

カントとロックはどちらも、人間の道徳的発達に関する点では真実を突いている。近年の研究は常識人がとうに察していたことを確証している――人の幼少期にみられる動物虐待のパターンは、成年になった後の人間に対する暴力行動のパターンと相関することが多い。これは動物への残酷行為を戒める一つの理由には違いない。しかし残酷・親切論を直接義務論と解釈するなら、それはただ一つの理由ではありえず、主たる理由でもありえない。残酷・親切論を直接義務論と解釈するなら、親切に接する義務と残酷に接しない義務は動物たち自身に負うものである。

残酷・親切論は道徳理解に重要な貢献を果たす。第一に、この理論は人間以外の動物に対する直接義務を認めることで、単純な契約論とロールズ流の契約論の双方が共有する種差別の偏見を乗り越える。第二に、信頼に足る道徳枠組みであれば、動物の扱いに限らず人間同士の扱いを検討する際にも、親切に一定の役割を与え、残酷性に役割を与えないのが妥当に違いない。

よく一般化すれば、残酷・親切論は広範囲にわたる固有の道徳理論を形成する。善の行ないは親切行為であるがゆえに善となり、悪の行ないは残酷行為であるがゆえに悪となる。これに類する直接義務論は、並び立つ二つの道徳的な対概念を用いるものと考えられる。例えば愛の倫理は、ある行ないが愛の表現であれば善、憎しみの表現であれば悪だと主張するだろう。他の候補としては、思いやりと無関心、生への敬意と生への敵意などが挙げられる。ここでみるのは残酷・親切論であるが、私の批判を貫く論理は、これらや他の同様の理論にも通用するはずである。私見では、これらの理論はいずれも、行為に表われる人々の道徳的性格の評価と、行為そのものの道徳性の評価を混同している。

残酷・親切論の理解は明らかに、私たちが二つの鍵概念を理解しているとの想定に立つ——一つは残酷、もう一つは親切である。後者から考えると、人は他者への配慮や思いやりから行動した時に親切を表わしたことになる。私たちは親切心から他者の幸福に資する行動へ向かい、他者の選好利益（その欲するものやしたいこと）を満たす方法を探るか、もしくは他者の福祉利益（その得になる物事）に心を配る。大勢が、ことによると万人が考える理想的な善人とは、親切を惜しまない人物、助けを求める者のために惜しみなく時間や労力や（可能ならば）金を投じる人物を指す。親切な人がもっと沢山いれば世界は遥かに良い場所だろう、と私たちは考える。

残酷という悪の道徳的位置付けは親切の対極となる。人が他者を苦しめることに冷淡であるか、それに積極的な喜びを示すようであれば、その人もしくはその行ないは残酷である（冷淡なそれを「無関心の残酷性」、喜びを伴うそれを「嗜虐的な残酷性」と呼ぶ）。ロックが子供の残酷さを記述する際に用いていた言葉を振り返られたい。子供たちは犠牲者を「いたぶり、至極手荒に扱い」「粗末に扱う」のに加え、「みたところそれに一種の快楽を覚えている」。ロックに言わせれば、一部の子供は嗜虐的な残酷性を持っている。彼は動物に対して残酷な子供のことしか語っていないものの、同じ行動が人間に対する嗜虐的な残酷性の定義にもなるのは明らかだろう。時と相手を選ばず、誰かが誰かを苦しめて喜んでいれば、それは嗜虐的な残酷性の忌むべき表われといわねばならない。

残酷・親切論は道徳的地位の問いに関する点で、間違いなく間接義務論よりも一歩先を行っている。誰が道徳的価値を宿すか。残酷・親切論の支持者が出す答は「私たちが残酷もしくは親切に接することができる全ての存在」である。誰が道徳的価値を宿さないか。残酷・親切論の支持者が出す答は「私たちが残酷もしくは親切に接することができない全ての存在」である。様々な少数派集団に属する理性能力を持った人々に対しては、そのような接し方が可能なので、この人々は（単純な契約論の判断と違い）残酷・親切論のもとでは道徳的地位を持つ。また、正義の感覚を持たない子供などにもそのような接し方が可能なので、子供たちも（ロールズ流の契約論の判断と違い）残酷・親切論のもとでは道徳的地位を持つ。

人間以外の動物に対しても、残酷・親切論は二つの契約論より遥かに望ましい道徳枠組みとなる。リカビー神父と同じく（彼の思想については第一章で触れた）、残酷・親切論は小枝や石が道徳的地位を持つとは認めない。私たちがそれらに対しなしうることはいずれも、何かしらの意味で親切ないし残酷であるとは解釈できない。しかし親愛なる神父に反し、残酷・親切論の支持者は農場の子牛や研究所のアメリカカケスなどについては別の判断を下す。子牛やカケスや他の哺乳類・鳥類は、残酷もしくは親切に扱うことができるので、「小枝や石の類」ではない。それらと違い、こうした動物たちは道徳的地位を持つ。

▼残酷・親切論の評価

先に軽く触れたように、親切の美徳を持つ人々はあまりに少ない。が、親切は尊ばれる一方、行為の正しさを保証するものではない。親切心に突き動かされるのはとりあえず善いことであるが、親切な行為が善の行為である保証はない。児童虐待者が新たな標的を探している時にそれを助ければ、なるほど虐待者に対して親切に振る舞うことにはなる。が、それゆえにこの手助けを善の行為と考える者はいないだろう。親切の美徳と行為の道徳的な正しさは別である。

残酷も道徳的な悪質さを図る一般的尺度にはふさわしくない。もちろん残酷性はどのような形であれ悪いものであり、嘆かわしい人間の過ちであって、動物搾取をする人間だけにみられるわけではないが、その例も知られていなくはない。若い研究者の行動をつづったジョーン・ダネイヤーによる以下の一節を考えてみよう。

　ある研究所で、小さなボール箱に載せられたラットが頭を万力《まんりき》で固定された。ポスドクの動物実験者が頭蓋骨にドリルで穴を開け始めると、ラットはもがきだした。頭を固定されながらもラットは逃げようとした。下半身が箱の縁から落ちた。ラットはぶら下がった形になってもがき続ける。穿孔は止まらない。数分後、ラットは箱を蹴り倒し、実験者はやむなく手を止めて麻酔薬を注射した。麻酔が効きだす前に実験者は作業を再開した。再びラットはもがいた。実験開始から一〇分後に、ようやくラットは静かになった。

これは胸が悪くなるような無関心の残酷性の実例だろう。ある人物が共感も同情もなく、防げるはずの痛みをあえて加えるのである。次に、嗜虐的な残酷性の例として、アメリカの屠殺産業全体、とりわけ豚の屠殺に光を当てたゲイル・アイスニッツの著書に記録されている行動を考えてみよう。豚の屠殺は食肉処理産業を貫く基本構想の応用である。豚は狭い抑制空間に追いやられ、「失神係」から電気ショックを浴びせられて意識を失うことになっている。それから後脚を鎖で縛られ、逆さに吊り下げられてベルトコンベヤーに載り、喉を切る「刺殺係」のもとへ向かう。血を流して死んだ後、豚は煮え返る浴槽に沈められ、内臓を抜かれる。この過程で意識を取り戻すことは決してない。少なくとも理論的にはこれが全体の流れである。実際には、アイスニッツが作業員らと話して知ったように、豚の屠殺は理論通りに運ばないことが多い。

ここに記すのは稀な例ではない。取材されたのはドニー・タイスとアレック・ウェインライトである（情報提供者を保護するためにアイスニッツは仮名を用いている）。これより前の会話で、タイスは自分が豚に行なったことを語っている。続いてウェインライトの番である。アイスニッツは記す。

まだ一〇代の若者でありながら、ウェインライトは昼番の吊るし係を務めて二年になる。ウェインライトはタイスも語っていた遊びのことに触れた――失神処理の担当者がわざと豚を完全に失神させず、ウェインライトの吊るし作業を手こずらせる、というものである。

「時々ちょっとのあいだコンベヤーが止まって豚をおもちゃにできる時なんかは半分だけ失神させるんだ。パニックになって発狂するから。そこに座ってキーキー叫んだり」。また、豚が留置用の囲いを逃れた際は、「ウェインライト」と同僚がその豚を熱湯浴槽のところまで追い立て、飛び込ませる。「で、飛び込んだら主任には豚が誤って飛び込んだって伝えるわけ」。

ウェインライトの証言はタイスから既に聞いていたこととほとんど変わらなかったものの、動物が無意味な虐待を受けているというタイスの証言を裏付けたのは確かである。そしてタイスの告白が彼自身にとって苦しく荷を下ろすような印象だったのに対し、ウェインライトは不運の豚たちに対する蛮行を語る際も、学生時代の悪ふざけを思い出すように楽しく笑っていた。

「どうしてそういうことを?」と私は尋ねた。

「どうしても何も」とウェインライトは言う。「見習いの奴が古い棒きれで囲いの豚を滅多打ちにするようなもんだよ。面白いから。で、俺もやる」。

「どれくらいの頻度で?」。

「さあ」と彼は答えた。

動物を「滅多打ち」にしてそれを「面白い」と感じる——これは人間がどれだけ残酷の深みに堕ちることがあるかを物語っている。おそらく、アイスニッツが屠殺される豚たちだけでなく、タイスやウェインライトのような労働者をも、機械化された死のシステムの犠牲者とみているのは正しい（アメリカに点在する二七〇〇軒の屠殺場では、このシステムが日常業務の基盤をなす）。しかしそれはそれとして、無関心の残酷性と嗜虐的な残酷性が食肉処理業界で働く男女にとって無縁でないことは疑う余地がない。と同時に、そのような残酷性がみられたところで、重要な道徳問題に答が出せないことも確かだろう。なんとなれば、ある行ないが親切であると判断できてもそれが善である保証にならないのと同様、ある行ないが残酷性を伴っていてもそれが悪である保証はないからである。次に挙げるのはこの区別を示す別方面の例である。

ほとんどの中絶医は残酷な人間ではない。かれらは自分が生む苦痛に無関心ではなく、苦痛を生んで楽しむわけでもない。しかし一部の医師が歪んだ道徳感覚を仕事に持ち込むことは考えられる。かれらは患者を苦しめることに至福を感じるとしよう。残酷な中絶医がいるというのはもちろん可能性に過ぎない。が、ここでは可能性に留まらず、現にそうした医師がいるとしよう。そうだったとしても、残酷な中絶医がいるせいで中絶が悪になることはないという点ははっきりさせなければならず、それは親切な中絶医がいるおかげで中絶が善になることはないのと同じである。これを違うと思うようなら、人の行為の道徳的評価（ある人の行ないが善か悪か）とその人物の道徳的性格の評価（その人の美点と欠点）を混同している。二つは論理的に異なる。悪意から行動する者が善をなしうるように、善意から行動する者も悪をなしうる（親切のつもりで児童虐待者の新たな獲物探しを助けるという例を思い出そう）。こうしたことは茶飯事である。

人の道徳的評価とその行為の道徳的評価を分ける論理的区別は、人間に対する親切行為と残酷行為だけでなく、動物に対するそれを考える際にも無視できない。要点を示す例を挙げよう。猫を実験に使う研究者らがいて、その一部は同僚たちよりも情け深いとする。かれらは猫を快適でいさせようと努め、痛みを和らげるために鎮痛薬を使う。他方、同僚たちは残酷で、故意に猫を苦しめることについて、ほぼ無関心であるか、楽しみを覚えているかである。私たちは間違いなく前者を後者よりも高く評価するだろう。しかし、かれらを人としてどうみるかは、その行ない――つまり研究で猫を使うこと――の道徳性評価には関係ない。猫の利用が善か悪かは、研究者が行なっていることの道徳性によって決まるのであって、それを行なっている最中に研究者がみせる性格の質によって決まるのではない。仮に食品や衣服や知識のために搾取される動物たちが、一匹として残酷に扱われていないとしても、それはこうした目的での動物搾取が善か悪かを判断する材料にならない。残酷な中絶医がいるせいで中絶が悪になることはないのと同じく、親切な動物搾取業者がいても動物搾取が善になることはない。人の道徳的評価とその行ないの道徳的評価は別であり、そこは分けなければならない。残酷・親切論はこの区別を曖昧にする。道徳的な善悪の真実がどこにあるとしても、残酷・親切論の中には見つからないだろう。

功利主義

ある人々は、私たちが探し求めている直接義務論は功利主義だと考える。契約論と同じく、功利主義も様々な形態をとり、功利主義者の数だけ功利主義があるというのは言い過ぎだとしても、この立場は内部論争の温床となっている感がある。ゆえに当然ながらここで語るべきことも限定的となる。認めるべき制約を認めた上で、次の点は一言しておく価値がある——ここで論じる選好功利主義という形態（以下簡略化のため、時に「功利主義」とのみ記す）は、R・G・フライとピーター・シンガーの両名が好むものである。二名は功利主義の観点から倫理と動物にアプローチする哲学者であり、この分野に最大の影響を与えてきた。

選好功利主義は二つの原則を受け入れる。第一は平等の原則であり、各人の選好を考慮し、同様の選好は同様の重み、ないし重要性を持つものとして考慮すべきと定める。あなたがブラームスの曲を聴きたいと思うならそれは考慮される。別の者がボーイズン・ザ・フッドの曲を聴きたいと思うならそれも考慮される。そして双方の選好が同等ならその充足と不充足も同等とする。単純な契約論は道徳的に偏った差別を正当化し、好ましい人種や性に属するなどの理由だけで特定の人々の利益を過大に評価するおそれがあるが、功利主義はそれを許さない。

同じことは種の帰属にもとづく差別にもいえる。単純な契約論とロールズ流の契約論は、ともに種差別的思考に寛容である。功利主義は違う。動物たちの選好を考慮に含め、それを公平に見積もることは、私たちが動物たち自身に対して負う義務の位置を占める。同様の選好は、人間のそれであろうと他の動物のそれであろうと、同じ重み、同じ重要性を割り当てられなければならない。かれらが持つ同等の利益を同等に評価する義務は、私たちが動物たちに対して負う直接義務である。

功利主義者が受け入れる第二の原則は（後により詳しくみるが）功利性の原則であり、私たちの行為はその結果に影響される全関係者の選好充足の合計と選好不充足の合計を最適のバランスにするものであるべきだと定める（訳注1）。

これにより、選好功利主義者は道徳的な善悪の問いに対し、明確に他と異なる答を示す。行為は全関係者にとって最良の総合的結果をもたらす（選好充足の合計と選好不充足の合計を最適のバランスにする）ようであれば善となり、最良以下の総合的結果をもたらすようであれば、結果の悪さによって大なり小なり悪となる。功利主義者にとって私たちの行為は矢のようなもので、善ならば道徳の「的の中心」を射抜き、悪ならば狙いを大なり小なり外すこととなる。

▼功利主義の強み

功利主義の平等主義は道徳的地位を持つ者の選定において、間違いなく単純な契約論とロールズ流の契約論よりも一歩先を行っている。誰が道徳的価値を宿すか。功利主義者が出す答は「利益を有する全ての存在」である。誰が道徳的価値を宿さないか。功利主義者が出す答は「利益を有さない全ての存在」である。様々な少数派集団に属する理性能力を持った人々は利益を有するので、この人々は（単純な契約論の判断と違い）功利主義のもとでは道徳的地位を持つ。また、正義の感覚を持たない子供なども利益を有するので、子供たちも（ロールズ流の契約論の判断と違い）道徳的地位を持つ。あらゆる者の利益が考慮され、同等の利益は誰の利益かに関係なく同等と見積もられなければならない。

さらに、功利主義は残酷・親切論よりも重要な点で先を行く。残酷・親切論は先にみた通り、人が行なうことの道徳性はその行為時に当人がみせる性格特徴と結び付いていると想定する。これは誤りであり、功利主義者はその理由を説明できる。功利主義者の見方では、行為の善悪は結果（帰結や効果）による。行為の理由がその結果・帰結・効果の一部をなさないのは明らかである。残酷・親切論の節で例に挙げた親切な助っ人が助言に成功すれば、児童虐待者はいたぶるべき新たな子供をみつけるが、その子供がみつかることは行為（助言）の結果・帰結・効果の一部をなす。虐待者

訳注1　この説明（特に「バランス」という言葉）は語弊があるかもしれない。功利性の原則は数量の概念で考えたほうが分かりやすい。ある行為が、その影響を受ける者にとって利益となればプラス、不利益となればマイナスであるとする。各個が受ける利益・不利益の大きさによってプラス・マイナスの値は変化する。そこで功利性の原則は、関係者全ての利益・不利益を合わせた時に、その合計が最大のプラス値となる行為を最善と位置づける。プラス・マイナスの値を合計して差し引きゼロのバランスに近づける、ということではない。

の助っ人が親切心に突き動かされたことは全く別のカテゴリーに属する。功利主義者にとって、人が行為時にみせる性格特徴は行為そのものの道徳的評価に何も加算しない。この重要な点で、功利主義は残酷・親切論よりも信頼できると分かる。

▼功利主義の価値

選好功利主義にみられるあと二つの重要な特徴について付言しておかなければならない。一つは、何が道徳に関わる価値を持つか、もう一つは、「最良の総合的結果」が何を意味するかに関係する。まずは価値の問いについてであるが、選好功利主義者によれば、道徳に関わる正の価値は個の選好の充足にあり、道徳に関わる負の価値は個の選好の不充足にある。どちらにも言えるのは――つまり、正の価値を宿すものにも負の価値を宿すものにも言えるのは――、個が関心を向ける物事、したいこと、欲するものの充足ないし不充足こそが道徳的に重要なのであって、選好を持つ個が重要なのではないという点である。あなたが水や食べものや暖かさを欲した時にそれを満たせる世界は、他の条件が同じであれば、それを満たせない世界よりも道徳的に優れている。同じことは同様の願望を持つ動物についてもいえる。しかしあなたも動物も、道徳的に重要な価値をみずからの内に宿すのではない。

次の譬えは哲学的な要点を明確化するのに役立つ。異なる液体を湛えた杯が並んでいるとしよう。いくつかは甘く、いくつかは苦く、いくつかは両者が混ざっている。価値があるのは液体であり、甘いものほど良く、苦いものほど悪い。杯に価値はない。つまり入れものではなく入るものに価値がある。功利主義者にとって人間はこの例でいう杯に等しい。私たちに個としての道徳的に重要な価値はなく、よって平等な価値もない。道徳的に重要な価値があるのは、いわば「私たちに入る」もの、私たちという「容器」の精神状態である。私たちの充足感は正の価値を宿し、不充足感は負の価値を宿す（訳注2）。

もう一つ重要なのは、功利主義者がいう「最良の総合的結果」が何を意味するかを明確にすることである。それは私一人にとっての最良の結果ではなく、私の家族や友人らにとってのそれでもなく、個別的に捉えられた別の個人や集団のそれでもない。最良の総合的結果を、十全な知識にもとづき判断しようとすれば、三つの手続きを経なければならない。第一に、私たちの選択に影響される者全ての充足と不充足を特定する必要がある（例えば充足を一つの欄に収め、不充足を別の欄に収めていくなど）。第二に、私たちが考えている一つ一つの行動につき、それがもたらす充足と不充足を全て合計する。第三に、充足の合計と不充足の合計を最適のバランスにする行為はどれかを確定する。これらの手続きを経た後に（その前はありえない）、私たちは十全な知識にもとづく道徳的結論を出せ

訳注2　レーガンの主著『動物の権利擁護論』では、本質的価値（intrinsic value）と内在的価値（inherent value）という二つの概念が用いられる（前者を「内在的価値」、後者を「固有の価値」と訳すこともある）。前者はここで記述されているような経験それ自体の価値を指す文脈で用いられ（「個の経験の本質的価値」というように）、後者は本書でこのあと解説される個自身の価値を指す。

る立場となる。最良の総合的結果へ至る選択は私たちの道徳的義務になるが、この選択は必ずしも私個人や私の家族、友人、あるいは狭い檻で飼われる一頭の子牛にとって最良の結果をもたらすとは限らない。全関係者にとって最良の総合的結果が、各々の関係者にとって最良である保証はない。

▼選好功利主義の評価

私は選好功利主義がその魅力的特徴を加味しても満足な道徳理論ではないと確信する。この理論は私が理解するかぎり、手続き的にも実質的にも深刻な欠陥を抱える。手続き的な欠陥は、十全な知識にもとづく道徳的善悪の判断に至る過程で、最悪の部類に属する選好（以下、「悪の選好」）の充足を考慮しなければならない点にある。実質的な欠陥は、必要な計算を済ませた末に、最悪の部類に属する行為（以下、「悪の結果」）が正当化されうる点にある。この二種類の悪については、この後、本章と第六章で私なりに説明する。さしあたり、功利主義に肩入れしていない良心ある人々は、私がこの指摘で言わんとすることを理解し、私の判断に賛同してくれるかと思う。まず悪の選好の例からみてみたい。

一九八九年に、全米の報道機関はある悲劇的事件を伝えた。一〇代の少年らが知的困難を抱える少女を地下室へ誘い込み、箒《ほうき》の柄《え》と野球バットを手に、四人で代わる代わるレイプにおよんだのである。少年らが求めたのは単純な性交ではなく暴力的強姦であり、相手は状況が分からず人を信じる少女だった（被害者のＩＱは四九で、精神能力は小学二年生に相当する）。

選好功利主義者は、みずからの道徳理論が少年らの行ないの悪たるゆえんを説明できると請け合いたがるだろう。十全な知識にもとづく道徳判断を行なおうとすれば、被害者の身におよんだひどい行為に加え、他の者におよぶ悪い結果も考えなければならず、そこには近隣の父母らや同じ地域に暮らす若い少女らの心配や恐怖も含まれる。議論の便宜上、功利主義者はこのレイプを悪事と判断できるだけの悪い結果を探し出せるとしよう。もちろんそれは正しい結論である。が、功利主義の第一の問題は、ここでなされた手続きにある。この手続きは、全ての者の充足と不充足を考慮に入れ、それを公平に重んじることを求める。不幸な被害者の苦しみは？　考慮する。近隣の父母らの心配は？　考慮する。その娘らの恐怖は？　考慮する。レイプ犯の選好充足は？　そう、それも考慮する。彼らの選好を考慮に入れなければ不公平な扱いをすることになる。

　他の面では分別と感受性を持つ人々、私がその哲学力に敬服を覚え、人格に敬意を覚えるような人々が、どうすればこのような面を持つ理論に賛同するのかは、以前から常に謎であり、現在も謎であり、今後も謎のままだろう。私たちは児童虐待を咎める前に児童虐待者の満足を考慮すべきなのだろうか。奴隷制を糾弾する前に奴隷主の満足を考慮すべきなのだろうか。「道徳計算」の中でこうした満足に場を与えるという発想そのものが、道徳的に嫌悪を催す。このような行為におよぶ者の選好充足は、行為の悪質性を判断する過程に一切関与してはならない。人間の尊厳の侵害が、侵害者にどれだけの喜びを与えたかという点から評価されるべきではない。ある選好を悪と判断するということは、第一にこれを意味する。

選好功利主義の側では、十全な知識にもとづく判断を行なおうとするかぎり、こうした選好にしかるべき場所を与えないでおくことはできない。一貫した功利主義者は「少年らが行なったことは悪である、ゆえにその満足は考慮しなくてよい」とは言えない。一貫した功利主義者がこれを言えないのは、かれらの考え方からすると、悪事に関し十全な知識にもとづく道徳判断を下そうとすれば、先に必要な計算を行なわなければならず、その必要な計算を行なうにはレイプ犯の選好充足を含めなければならないからである。一貫性は美点に違いない。が、一貫性は真理の保証にはならない。道徳性の性質に関して、信頼できる立場を築こうとするなら、確固たる理由のもと、ある種の選好充足を道徳的善悪の決定時に考慮対象から外せなければならない。一貫した功利主義者は、少年らが行なったことの道徳性に関し、十全な知識にもとづく判断を下そうとする過程で、レイプ犯の満足を考慮する。善の行ないは何によって善となり、悪の行ないは何によって悪となるかを理解するためのより良い枠組みが模索されるべき理由は、これ一つで充分と思われる。

同じ筋の批判は論理的に、直接悪事を働いた者の選好充足以外にも当てはまる。諸々の証言によれば、近隣の他の少年らも右のレイプを見たがり、見に行くことで満足を得ていたという。そうだとすれば、功利主義者が支持する手続きでは、行なわれたことの道徳性に関し十全な知識にもとづく道徳判断を下すべく、かれらの満足をも考慮しなければならない。これが正しいということはありえない。レイプ犯の満足がその行ないの道徳性を判断する過程に関与すべきでないのなら、当の悪事を支持・容認した者の満足もしかりである。近隣少年らの選好充足も考慮の対象にはならない。

手続きの欠陥に加え、選好功利主義は結論も問題含みとなりうる。功利主義者の基準にしたがえば、最悪の部類に属する行為は、容認されうるばかりでなく、積極的な義務にもなりうる。罪なき者の殺害を考えれば根本的問題が分かる。この悪事を正当化するには、最良の総合的結果が得られるだけでよく、そうした状況はSFの未来小説だけでなく現実の世界でも存在しうる。例えば高齢者や、年齢を問わず深刻な障害を抱える人々は、家族や社会全体にとって重荷となることが多い。そうした場合のいくつかにおいて、そうした人々のいくらかを「人道的に」葬ることが、より良い総合的結果を生むのは否定しがたい事実であると思われる。そうした人物、すなわち道徳的・法的な重罪も犯さず、死が差し迫っているわけでもなく、生き続けたいと願っている人物の殺害に加担すれば、何らかの悪をなしたことになるだろうか。一貫した選好功利主義の答は、否である。こうした場合に罪なき者を殺すことは、悪でないだけではない――その殺しが最良の総合的結果をもたらすとすれば、罪なき者の殺害は道徳的義務となる。この結論を良しとする功利主義者は、いたとしてもわずかだろう。

この筋の批判に対し、一部の選好功利主義者は、当の犠牲者が花やかたつむりと違って未来に関する選好を持つと指摘する（シンガーはこの考え方を築いた主要人物の一人に数えられる）。とりわけ、人々は生き続けることを選好する。その命を終わらせ、かれらを殺せば、この選好は決して満たされなくなる。仮に犠牲者が経験する生の質に比べ、全体的により良い生の展望を持つ新しい人間を誕生させたとしても、論者たちいわく、以下二つの重要な事実は動かない。第一に、ある人物が殺されれば、その人物の生き続けたいと願う選好は決して満たされなくなる。第二に、人の胎児は全く心を持たないので、新しく受胎された「交替人員」は生き続けることを選好しえない。その意味で、かつこれらの理由により、生き続けたいと願う個は「交換可能」ではない。

それが本当だとしよう。だとしたら、選好功利主義者にとって現実的・原理的に何の違いが生まれるのか。交換不可能な個を殺すことは結果に関係なく常に悪であるというなら、それはもやは一貫した功利主義ではない。功利主義に何かしらの意味があるとすれば、それはこうである――いかなる行為の善悪も、常にその影響を受ける全関係者にとっての結果によって決まる。その点はある者が「交換不可能」であるからといって変わりえない。

というわけで、一貫した選好功利主義者は、罪なき者を殺すことの道徳性は、全てを考え合わせた上での結果によると認めなければならない。そこで今考えている事例を復唱したい。ここに家族や社会の重荷となっている人物がいる。すぐに息を引き取る様子はなく、本人は生き続けたいと願っている。この重要な選好があるのは確かだとしよう。そうだとしても、生き続けたいという願望はそれ以上のものではない。それは選好であり、他のあらゆる選好と同じく、功利主義の計算に含めなければならず、他のあらゆる選好と同じく、他の者たちの選好充足が集まればその重みに負ける可能性がある。同じ点を別の言葉で言い換えよう――一貫した功利主義者は、生き続けたいという願望が他者らの選好に打ち勝つ切り札とはなりえないことを認める必要がある。生の複雑さを考えるなら、生き続けたいという選好を持つ者の命を終わらせ、他の人々が幸福になりうる場合があることは、否定する理由がなく、肯定する理由が充分にある。

よって、一貫した選好功利主義の視点に立てば、罪なき者の殺害は常に悪とは限らないというだけではない。全関係者にとっての結果が「最良」であれば、当の殺害は道徳的義務になる。それを思えば、障害を持つ人々が、家族や社会の重荷となりうる立場から、表立って恐怖を訴えてきたのも驚くには当たらない――仮に功利主義的な道徳枠組みが人々に支持される世となれば、自分たちの安全はどうなるのか、と。私見ではこの人々の恐怖は至極真っ当である。目的が手段を正当化するという原則にしたがう道徳理論は、潜在的には全ての者の生命を危険にさらすおそれがあり、とりわけ最も力なき者たちの生命がその標的となりやすい。

以上のような功利主義批判の道徳的論理がおよぶのは、罪なき者の殺害だけに限らない。むしろ同様の批判は万般の事例に当てはまり、それによって選好功利主義者の立場が、良心ある公平な人々、功利主義に傾倒していない人々からみて、道徳的に悪と思える結論へ至ることを、再三にわたり示してきた。嘘、詐欺、窃盗、大事な約束の不履行、無罪と分かっている人物の投獄や処刑へ向けた準備など、これら全ての行為や他の無数の行為は、犠牲者の不満が他者らの満足に負け次第、善となり義務となる。容認ないし要求されうる悪の結果を純粋に鑑《かんが》みれば、選好功利主義が先に検証した他の道徳的立場に比べて強みを持つのは認めたとしても、これを満足な道徳理論ということはできない。

▼功利主義と動物の扱い

人間が他の動物をどのように扱うかについても、功利主義の結論は他の事例と同じく、同等の利益を同等に考慮した上での総合的結果によって決まる。これは時に驚くべき結果へと至る。動物との性交を例にとってみよう。シンガーはこの「禁忌」(本人の言葉)を歴史のゴミ箱に葬ろうとする人々に異を唱える。もちろん、動物虐待を伴う性交は悪である。が、シンガーいわく「動物との性交は常に虐待を伴うとは限らない」。むしろ「私的に」行なえば、動物と人間の「互恵的[性]活動が生まれうる」。その場合、功利主義の哲学を貫くシンガーは、何も悪くないと判断する。逆であってほしかった、と思うところである(この問題は第七章の終わり近くで扱う)。

他の問題へ移る前に指摘しておかねばならないが、選好功利主義の教義にしたがえば、原理的には獣姦以上のことが許容されうる。「禁忌」を一段上げて、小児との性交を考えてみたらどうか。とどのつまり、功利主義者は小児との性交が必ずしも虐待を伴うとは限らないと論じることが可能である。むしろ「私的に」行なうならば、功利主義者は小児と成人の「互恵的[性]活動が生まれうる」と主張できるに違いない。その場合、自身の哲学を貫く功利主義者は、何も悪くないと判断しうる。次章で説明するように、私が支持する立場は逆の判断を下す。

動物の扱いをめぐる他の問いについても、功利主義の考え方にはやはり疑問が湧く。何が善か悪かの判断は、関係する結果の全てを知る能力に懸かっているが、この点で知識と公平な心を持つ人々は意見の相違に至る可能性がある。商業的畜産業を一瞥すれば根本的な問題が分かる。

食用とする動物の飼養と屠殺を考えると、関係する結果には当然、その動物たちの扱われ方が含まれる。同じく関係することとして、肉食が人の罹病率《りびょう》と死亡率におよぼす影響、工場式畜産それ自体と拘束下の動物たちを養うための作物栽培による環境影響、遠い地の見知らぬ人々──世界の貧困国に暮らす人々、飢饉の荒廃によって息絶える人々や息絶えそうな人々、豊かな人々が肉食をやめるか控えるかすれば食料を得られるであろう人々──の利害、そして未来世代の利害（まだ存在していない人間や動物が利害を持つならば、であるが）も挙げられる。

しかし功利主義の観点からすると、公平性のために考えるべきことがまだまだある。例えば現在の畜産業と直接的・間接的に繋がった生活を送るアメリカ人の数は、到底わずかとは言えない。『アメリカ統計年鑑』二〇〇一年版によれば、畜産施設を操業・管理する人々、およびそうした施設で働く人々や肉食産業関連の仕事に就く人々の数は四五〇万人を超える。同時期の畜産による農場収益（酪農・採卵も含む）は計一九二〇億ドルとされる。他方、アメリカ農務省はこの年鑑が書かれた時点で最新の税収推計が出ている一九九六年のデータとして、農場由来の税収総額を三九〇億ドルとする。これらの数字に加え、畜産業と間接的に繋がった生活を送る他の無数の人々（トラック運転手から近所のマクドナルドでハンバーガーにかぶりつく若者まで）がいる。加えて、そうした営みから生まれる何十億ドルもの収益や税がある。加えて、経済的に畜産業と直接的・間接的に繋がった被雇用者の家族に当たる何百万人もの人々がいる。加えて、肉食を好み、それに金を費やす（約九八パーセントのアメリカ人の嗜好と選好がある。これら全てを足し合わせると（可能ならばだが）、畜産業がアメリカ経済に与える膨大な影響の規模と、現行の商業的畜産業を廃絶することによる経済的・個人的コストの規模がみえてくる。

これだけの数字になると、それが表わす人間の利益も到底些末とはいえないため、人間の消費用に動物を飼養することは功利主義的に悪かをめぐって、人により違った結論が出されるのも驚くに値しない。シンガーは一功利主義者として、これを悪と考える。フライは別の功利主義者として、異を唱える。しかし両名が真摯にみずからの確信を表明しているところ申し訳ないが、双方とも自身の理論が要請する詳しい分析のたぐいを示していないという点は指摘しなければならない。便益は何か。損失は何か。誰にとってのそれか。いつ、どこで、どうそれが生じるのか。フライとシンガーの著作を紐解いてみると（これはぜひ全ての人が行なってほしいが）、両名が知識にもとづく判断を下すに先立って示すべきデータは、見事なまでに欠落している。あたかも両名は、残りの私たちに大変な計算作業を課しながら、みずからはそれを行なうまでもなく、功利主義の計算がどちらの判断に向かうかを知っているかのようである（訳注3）。

無論、人間の利益が道徳に関わることを認めず、畜産利用される動物たちの扱われ方だけに注目できるなら、功利主義にもとづく現代畜産への反対論は明快になるだろう。毎年アメリカで飼養され屠殺される何十億もの動物たちが被る危害の総計は、合理的に見積もればどう考えても莫大になる。しかし一貫した選好功利主義はこれができない。選好功利主義はその性質上、関係する人間たちの利益を度外視できず、その点は農家やその家族やアメリカの大多数を占める消費者の利益も同様である。ゆえに功利主義は常に現状維持の方向へ傾きがちとなる。理の当然として、この理論は常に多数派を占める人々の選好を考慮せざるを得ない。多数派とは大抵、肉食者の場合がそうであるように、アメリカ人の約九八パーセントを指し、かれらは物事が現状のままであることを好む。急進的な社会変革を築くための道徳理論がほしければ、功利主義を選ぶのは極めて残念なことに思える（この問題については第六章で再び扱う）。いずれにせよ、選好功利主義者が畜産に関し十全な知識にもとづく道徳的評価を下そうとすれば、それに先立ち全ての関係する利益を考慮に入れ、公平に評価しなければならない。

仮にある人物が何らかの方法で、全ての必要な計算を行なえたとしよう。すると三つの可能性が生じる。第一に、現行の畜産システムは他のあらゆる食料生産方式よりも良い総合的結果をもたらす。第二に、現行の畜産システムは他の食料生産方式よりも悪い総合的結果をもたらす。第三に、現行の畜産システムは他の食料生産方式と同等の総合的結果をもたらす。第一の結論が正しいと証明された場合、現行のシステムが道徳的に許容できるか否かについて言えることはない。第二の結

訳注3　畜産に関していえば、それが生む利益は数億人から数十億人の金銭的・物質的・情緒的満足でしかないのに対し、不利益は数百億もの動物たちが被る拷問の一生と惨殺であるため、いかに粗削りな計算をしたところで、前者が後者に勝つという議論は強弁の域を出ない。しかし畜産以外、特に少数の動物を犠牲にして膨大な人間を喜ばせるサーカスや闘牛や動物園のような営みに関しては、ここで述べられている批判が成立する。おそらく功利主義は、それらの営みを明確な根拠にもとづいて批判することができない。

論が正しいと証明された場合も、現行のシステムが道徳的に許容できるか否かについて言えることはない。第三の結論も同様である。つまり、総合的結果がどう転んだとしても、「現行のシステムは道徳的に許容できるか」という肝心な道徳的問いに答は出ない。なぜ答が出ないかといえば、第一に、一貫した功利主義者は悪の選好も他の選好と同じように考慮しなければならず（全ての選好に価値があり、同等の選好は同等に評価されなければならない）、第二に、この理論は一貫して用いようとすれば、悪の結果も他の結果と同じように是認するからである。

人間の扱いと動物の扱い、どちらの道徳性を考えるのだとしても、私たちは功利主義理論を離れたところで正解を探したほうがよい。次章では仕切り直しを図るが、私はこれが、今まで検証してきたものに比べ、より申し分ない道徳理論の発見に繋がると確信する。

第六章

人間の権利

先の二章では有力な道徳理論の数々を検証した。各々はいずれも時代を超えて重要とされる要素を含みつつ、いずれも根本的な部分で明らかな欠陥を抱える。諸理論の弱みを持たず、強みの全てを兼ね備える道徳思考を形づくることは可能だろうか。可能だとすれば、どこから手をつければよいのか。そしてその理論はどのような外観になるのか。

価値の概念を改める

まず手をつけるところは、功利主義における個の価値――あるいは価値の欠落――の考え方からと思われる。功利主義の中核には、個は道徳的に重要な価値を宿さないという教義があり、前章ではこれを杯と液体の譬えで説明した。道徳的に重要な価値を宿すのは杯そのものではなく（つまり私たちという個々の存在ではなく）、杯の中身（つまり私たちの経験の質、選好の充足と不充足）である。

問題を別の形で概念化することを考えてみよう。個が有する利益に本来の道徳的価値があるのではなく、利益を有する個にそのような価値があると考えてみる。このような道徳の捉え方はカントの精神に即するが、以下でみるようにカント主義そのものではない。カントは今述べたような価値を《尊厳》と呼ぶ。私は《内在的価値》というほうを好む。《内在的》というのは、当の価値がそれを有する個自身に帰属するからであり（それは例えば契約によって認められるものではない）、《価値》というのは、それが個々の者たちに等しくみられる単なる事実としての特徴ではなく、個々の者たちを道徳的に平等とする要素だからである。個が内在的価値を宿すとは、個が価値ある精神状態を湛える単なる容器ではなく、それを超える存在、それとは区別される存在であることを意味する。現在の文脈でいえば、本来の道徳的価値は、私たちが経験する正負の感情ではなく、私たちという人格に宿る。例の分かりやすい譬えを用いると、くだんの価値は杯に湛えられた液体ではなく杯自体に宿る、ということになる。

カントは自身の哲学で、尊厳を「目的それ自体」という概念に絡めて解釈する。彼は私たちが互いの手段として役立ちうることは否定しない。例えば配管工は蛇口の漏れを直し、歯科医は歯に詰め物をする。カントが主張したのは、人々が互いを単なる手段として扱うのが悪だということだった。私が支持する理論もこれに賛同する。人格である存在に対し、情報にもとづく選択をさせないこと、私利や公益を求めて私たちの意志を強引に押し付けることは、状況によらず道徳的に悪となる。そのとき私たちは、人格の道徳的尊厳（内在的価値）を、道具的価値しかないものへと引き下げる。人々をモノのように扱うこととなる。

内在的価値を認めることは、これから明確に他と異なる道徳理論を組み立てる上でのいわば理論的足場となる。私が支持する理論で中心をなすのは尊重義務であり、これを私は次の意味で用いる――内在的価値を宿す個に対しては、尊重を伴った扱いをする直接義務が発生する。逆も真である。尊重ある扱いの直接義務を発生させる個は内在的価値を宿す。尊重義務は要求内容が簡素であり、やはりカントの精神に則る。内在的価値を宿す個は決して道具的価値しかない存在のように扱われてはならない。そうなれば、つまり内在的価値を宿す個が「単なる手段として」、モノとしての価値しかないように扱われれば、その個は尊重を欠く扱いを受けたことになる。

善の行ないは何によって善になるのか。悪の行ないは何によって悪になるのか。道徳理論の中核をなすこの問いに対し、私はまず簡単な答を示す。行為は内在的価値が宿る個を尊重する形で扱えば善となり、尊重しない形で扱えば悪となる。一つ例を挙げれば、意味するところが明確になるだろう。

タスキギー梅毒実験

時は一九三二年、場所はアラバマ州タスキギーのタスキギー研究所（現タスキギー大学）である。

同施設は全米有数の歴史と名声を兼ね備えるアフリカ系アメリカ人の高等教育機関に数えられる。研究を後援したのはアメリカ公衆衛生局、被験者は貧しいアフリカ系アメリカ人男性三九九名で、彼らは「悪血」の「特別治療」を無料で受けられると聞かされて集まった志願者だった。被験者らが知らなかったのは、自身の病気が梅毒であり、与えられる「内服薬」が何の内服薬でもなく、治療効果を持たないことだった。

同じく被験者らが知らなかったのは研究の目的である。それは病気の回復を助けることではなく、梅毒の治療法を探ることですらなかった。研究の目的は、症状を放置しておくと男性らがどうなるかを調べることにあった。研究者らはこの調査が梅毒の長期影響を理解することに役立つだろうと考えていた。

驚くことに、人間の尊厳に対する尊重の上に築かれたはずの国で、この研究は情報を与えられないまま信頼を寄せていた男性らに対し、一九三二年から一九七二年まで——四〇年にわたって——実施され、アメリカ政府による資金と確信犯的な後援を受けていたのである。

これだけで充分に浅ましい。が、さらに浅ましいのは、一九五七年に、梅毒はペニシリンで治せると分かった後もなお、研究者らが治療をしなかったことである。それでどうなったか。研究の真の目的が明らかになった時には、二八名の被験男性が梅毒で世を去り、ほか一〇〇名が合併症で命を落とし、四〇名の妻が感染を起こし、一九名の子供が梅毒を抱えて産まれていた。

ここで功利主義者ならば当然、その手続き上の要請にしたがい、判断を下す前にこれら全ての悪い結果を調べ尽くすだろう。これは私が支持する理論の手順では断じてない。なるほどこれらの悲劇的結果は嘆かわしいものに違いない。それは浅ましい所業をさらに浅ましくする。が、それは根本的な悪のありかではない。これらは根本的な悪の結果であり、いうところの根本的な悪とは、研究者にとって良い結果を生むと思われる事業のために、被験男性らが単なる手段として扱われたことである。すなわち被験者らは尊重なき扱いを受けた。

尊重義務

道徳理論を（不完全であれ）描くことと、人々がそれを受け入れるべき理由を示すことは、はっきり区別される。今扱っている理論についてはどのような理由を示せるか。そしてそれはどれだけの説得力を持つか。

まず検討したいのは尊重義務である。なぜこれが私たちの義務と考えられるのか。互いを尊重して扱う義務を認める根拠は、先の二章で取り上げた種々の道徳理論への批判を経ることで打ち立てられる。振り返ると（ロールズの契約論解釈は本章の終わり近くで扱うとして）、単純な契約論は道徳的善悪の判断における理性の重要性を訴える点で価値ある貢献をなすものだった。しかし単純な契約論は、道徳的契約の形成者が他者を不平等に搾取することを許す点で欠陥を抱える。標的となりうるのは契約者が利己的理由から排除したいと思う者であり、人種的少数派の人々などは当然その候補に数えられる。十全な道徳理論はこのような偏った排除を防げなければならない。私が支持する理論はこの条件を満たす。以降で明らかにする理由により（道徳的エリート主義の議論を参照されたい）、尊重義務は人種・性・性的指向・年齢・等々によらず、全ての人格に対し発生する。

十全な道徳理論は人が行なうことの道徳的評価と、人がその時にみせる性格の道徳的評価を区別できなければならない。先述の通り、残酷・親切論にはこれができない。それに対し、私が支持する理論はこの条件を満たす。レイプ犯の少年らを思い出そう。彼らが嗜虐的な残酷性を持ち、被害者を虐げることで強い快楽を得ていたとする。あるいは、彼らが自分の生む苦痛や恐怖に対し冷淡で無関心だったとする。いずれの場合も、この少年らは人間に期待される最低限の道徳性ともいうべき感情を欠いていると思われてならない。が、そうだとしても、この行動の内に表われている残酷性は、なされた道徳的不正とは異なり、それとは区別されなければならない。残酷な性格を持つという事実は、なぜ少年らがこのような悪事におよんだかを説明する役には立つであろうが、なぜ彼らの行ないが悪かを説明する役には立たない。それに対し、私が支持する理論は、なされた悪を明確に説明できる。レイプ犯の行ないが悪なのは、彼らが被害者を尊重せずに扱い、単なるモノとして、自身らの欲望を満たす点でのみ価値を有する存在として扱ったからである。

功利主義は間違いなく単純な契約論と残酷・親切論の短所を乗り越え、両者の長所を残せる。単純な契約論と同様、功利主義は道徳的善悪の決定に際し、理性に中心的な役割を与える。加えて、単純な契約論が人種差別から種差別に至る諸々の偏見を許しうるのに対し、功利主義は同等の利益を同等に考慮する原則のもと、これを許さない。さらに、残酷・親切論では人が行なうことの道徳的評価と人がその時にみせる性格の道徳的評価を明確に区別できないのに対し、功利主義にはそれができる。これだけ多くの重要な長所を併せ持つ功利主義は、魅力的な道徳枠組みには違いない。

しかし総合的に考えると、私たちはさらに先へ進めると思われる。私が支持する理論と功利主義の違いは多岐にわたるが、二点に光を当てるだけで当面の目的には充分だろう。先にみた通り、一貫した功利主義者は論理的に、ありとあらゆる選好の充足を考慮しようと努める。それを行なった後でのみ、私たちは何が善か悪かに関し、十全な知識にもとづく判断を下せる。ゆえにレイプ犯の選好充足は、他の人々が経験する同程度に重要な選好充足（被害者のそれも含む）と等しく考慮される。

十全な道徳理論は確固たる理由のもと、レイプ犯などの選好を道徳的な考慮対象から外すことができなければならない。私が支持する理論はこの条件をも満たす。レイプ犯の選好や、ましてその充足は、彼らが行なったことの道徳的評価には全く関係しない。道徳的観点から問われるべきは、「少年らは被害者をそのように扱うことでいかなる満足を得たか」ではなく、「少年らは被害者をいかに扱ったか」である。彼らが被害者をいかに扱ったかは長い説明を要さない。彼らは彼女を尊重することなく、モノのように扱った。根本的にはこれこそが彼らの行ないの極悪たるゆえんであり、それはレイプ犯らの望みを理解したところで変わらない真実であって、私たちが真実と認識できることである。すなわち悪の選好とは何かを説明するとしたら、一つの記述はこうなる――悪の選好とは、人がそれを行動に移した時、内在的価値を宿す個を道具的価値しか宿さないモノのように扱うこととなる選好を指す（この分析については章末で付言することがある）。

第二に、前章の批判が示そうとしたように、功利主義は他者の便益を生むという名目のもとに、罪なき者への危害を容認する。十全な道徳枠組みはこのような罪なき者の搾取を防げなければならない。私が支持する理論は防げる。例えば右の理由で罪なき者を殺せば、いかに痛みなくそれをしようと、内在的価値の持ち主を道具的価値しかない存在のように扱うこととなる——その道徳的地位は鉛筆やフライパン、ローラースケート靴やウォークマンと同じといわれているに等しい。どのような言葉を用いようと、罪なき者の殺害は悪であり、それは他の者たちにとっての結果に関係なく、当の犠牲者に対して悪をなすからである。

ここで尊重義務の擁護を締めくくるに当たり、本章冒頭で投げかけた問いを思い返されたい。先の二章でみた諸理論の弱みを一つも持たず、その強みを全て備える道徳理論を構想することはできるか。私はできると確信する。右に列挙した理由により、内在的価値を宿す個に対する直接的な尊重義務を認める理論は、それらの弱みを免れ、強みを留める。強力な反論がないかぎり、私は尊重義務を妥当な直接義務の原則とみる。それは内在的価値を宿すあらゆる人間に対して発生する。ただし、どのような人間が内在的価値を宿すかは改めて検討を要する。

道徳的エリート主義

これまでの議論で明らかなように、私が支持する道徳理論には二つの中核概念がある。第一は個の内在的価値で、これは単に道具的な価値を持つものとは別カテゴリーの価値を指す。第二は尊重をもって他者を扱う義務であり、これを遵守するには、内在的価値を宿す個の扱いにおいて、その価値を（カントの言葉でいう）「単なる道具」へと貶めないことが条件となる。

一定の人間らが内在的価値を宿すと認める場合、それが私たちの全てにいえるのか、大半にいえるのか、選ばれた少数のみにいえるのかという問題が残る。一部の哲学者は最後の選択肢をとる。アリストテレス（前三八四〜三二二年）の思想はまさにそれだったと考えられる。彼の考えによれば、優れた理性能力を持つ者はそれがない者よりも高い道徳的地位に置かれる。これは当の側面で不利と分かった者に対し、深刻な帰結を伴う。アリストテレスはこの基準をもとに、女性を男性よりも道徳的な劣位に置き、理性能力で欠陥のある人間は、理性能力に恵まれた者の奴隷となるべくして生まれると論じる。

アリストテレスが理性を人間の重要な能力とみたことは間違っていない。問題はそこからの推論にある。アリストテレス流の道徳的エリート主義は、紀元前四世紀のアテネで栄えた教養人男性の貴族社会に属する者たちには魅力的な思想と映ったかもしれないが、今日これを支持する者はほとんどいない。女性が男性よりも道徳的尊重に値しないということはなく、優れた理性能力を持たない人間がそれを持つ者の奴隷にされてしかるべきということもない。この点について同意が得られないとすれば、同意が得られる確固たる道徳的真理を思い描くことは難しい。

道徳的エリート主義の受け入れがたい帰結を回避する方法はある。それは、尊重ある扱いの直接義務が向けられる者全てを、その知的天性・性・人種・階級・年齢・宗教・出生地・才能・障害・社会貢献・等々に関係なく、みな道徳的に対等と認めることである。天才と重度知的障害児、王子と貧民、脳外科医と果物売り、マザー・テレサと悪辣《あくらつ》この上ない中古車セールスマンなど、全ての者は尊重をもって扱われる直接義務の対象となり、全ての者は平等な内在的価値を宿す。そして誰一人としてモノの地位に貶められ、他の者たちの個人的・集団的利益を高めるための単なる手段に過ぎない存在であるように扱われてはならない――たとえそれで利益を得る他の者たちというのが、「道徳的エリート」を自称する集団などであったとしても、である。

道徳的権利

権利はこの構想にどう絡むのか。既に触れたように、人間が（まして動物が）権利を有するかどうかは、道徳哲学でもとりわけ論争を呼ぶ問いとなる。私が支持するそれも含め、いかなる答を示しても激しい批判が寄せられる。それでも私は、個の道徳的権利を認めることが十全な道徳理論に何としても欠かせない要素だと信じる。そう考える理由は以下の通りである。

本章の中で私は、尊重義務が妥当な直接義務の原則であり、内在的価値を宿す者全てに対する義務であるゆえんを説明した。妥当な直接義務の原則であるとは、それが最良の理由ないし最良の議論に支えられていることを意味する。これだけを踏まえれば、権利がいかに生じるかは次のように説明できる。

第三章で、権利は妥当な要求であると述べた。要求であるとは、権利が個にとって正当に求めてよい扱いであること、厳格に保証されるべき扱いであることを意味する。その要求が妥当であるとは、要求が理性的に正当化できることを意味する。権利の要求が妥当か否かは、要求の根拠が正当化できるか否かによる。そしてこの要求の根拠は、それが妥当な直接義務の原則であれば正当化できる。したがってもし、先に論じてきたように、尊重をもって互いを扱う義務が妥当な直接義務の原則であれば、そしてもし、今説明したように、要求の妥当性がその拠って立つ道徳原則の妥当性によって決まるのであれば、私たちは尊重をもって扱われる妥当な要求を持つ、といえる。そして（これまで想定してきたように）権利とは妥当な要求を指すので、私たちは尊重をもって扱われる権利を有する、との結論が導き出される。あるいは（同じ考え方を別の言葉で表わせば）、尊重ある扱いは私たちが自分の持ち分として道徳的に要求してよいこと、私たちが道徳的な正当性をもって他者に求めうることである。個の権利は私が支持する道徳理論の中で中心的な位置を占めるので、言葉の節約も兼ね、以下では折に触れ、この立場を「権利論」と呼ぶ。

尊重をもって扱われる権利は、道徳的権利を定義する諸特徴を備える（これらの特徴については第三章で説明したが、次節でも付け加えることがある）。

・立入禁止――この権利を有する者は見えざる立入禁止標識によって守られる。例えば他の者は、この権利を有する者の身体を傷つけ自主性を否定する無制約な自由を持たない。
・切り札――尊重をもって扱われる権利は切り札の役割を果たす。この権利を有する個は、他の者たちの個人的・公共的な便益を高めるための単なる道具として扱われることを拒む妥当な要求を持つ。
・平等――この権利は人種・性・階級・民族・等々に関係なく、尊重ある扱いの義務を発生させる全ての者が平等に有する。
・正義――この権利は正義を求める。尊重ある扱いは義務であり、それに浴せたら「大変結構」というものではない。

以上の記述は権利論の厳密な証明となるか。私はためらいなく否と答えたい。事実、幾何学などの証明に譬えられる「厳密な証明」という概念自体が、対立する種々の道徳理論を評価する場面に関わってこない。できること、そして私が試みてきたことは、権利論が先にみた他の諸理論にない強みを持つゆえん、これが他の諸理論と違って対立する道徳理論の評価で求められる一連の合理的要件を満たせる次第、そして、ゆえにこの理論が公明正大にして恣意性と偏向を排した理性的に擁護できる道徳思考のもととなる道理を、説明することである。厳密な証明を組み立てることはできない代わりに、私の議論は充分な証明を行なう負担を、他の理論の支持者に課すものとして役立つ。

すなわち、権利論はどこでなぜ誤るのか、他の道徳理論はいかなる点でより良い理由ないしより強力な議論の支えを持つのか——これを説明する負担は、権利論に同意しない者が負う。本書の性格上、対立する道徳理論の批判的評価は、ここまで行なえばもはや誰の不満も招かないと思われる。

人間にはどのような権利があるか

第三章で初めに権利の話題を扱った時、法的権利と道徳的権利、積極的道徳権と消極的道徳権の区別を立てた。そこで述べたように、本書の議論と分析は主として消極的道徳権に向けられている。消極的道徳権は、危害や妨害を受けない権利であり、一般的な法律がそれを認知・保護しているか否かに関係なく存在する。ここで積極的道徳権と消極的道徳権に関して付け加えられることがある。

権利論の土台であるところの、尊重をもって扱われる道徳的権利は、積極的権利とも消極的権利とも解釈できる。積極的権利と解する場合、この権利は他者への助力という義務を課す（例えば万人に教育・保健・その他の人間サービスを提供する義務など）。この権利がこの地位を持つかどうかは道徳哲学と政治哲学の中で最も意見が割れる問題の一つであるが、本書の性格上、そこに立ち入る必要はない。というのも、尊重をもって扱われる権利が積極的権利の地位を持つかどうかは多くの人権支持者によって争われていても、管見のかぎり、その誰一人として、これが消極的道徳権の地位を持つことは否定しないからである。本書ではこれまで基本的人権をこの意味で解してきた。そしてこれ以降もこの解釈に則る。

さて、消極的道徳権には知っての通り、いくつかの注目すべき特徴があり、見えざる立入禁止標識の役割や切り札としての働きがそれだった。既にみた理由により、尊重をもって扱われる基本権にはこの二つの特徴が備わっている。第三章で触れたより具体的な諸権利、すなわち生存権・自由権・身体に関する自己決定権も同様である。この三権は、私たちの人格としての価値に対する最も重大な攻撃様式に対応する。正当とされない自由を行使する者は、個人的・公共的な「便益向上」を名目に、不当にも私たちの生命を奪い、身体の侵害・傷害を企て、自由の否定・制限におよびうる。右の追加的な諸権利は、尊重をもって扱われる権利のもとに守られる（べき）私たちの個性の諸側面を、より具体的に照らし出してくれる。道徳的権利に備わる立入禁止と切り札の機能は、私たちの生命・身体・自由を、他者の行き過ぎた自由から防衛する。個の権利を尊重する振る舞いとは、権利所有者たる個を尊重する振る舞いを指す。

なお、右の具体的な諸権利はいずれも、尊重をもって扱われる権利と同様、これを有する者のあいだに平等に行き渡るものであり、その要求は正義を求めるものであって親切や気前のよさを請うものではない。道徳的正義の問題としてみると、生命・自由・身体の自己決定を尊重されることは、私たちの資格であり持ち分である。

以上のような個の諸権利を認めるならば、社会の便益を高めるための慣習や制度を立ち上げ守ることは常に悪となるのだろうか。これもまた、今日の道徳理論と政治理論の中で最も意見が割れる問題の一つであり、尊重をもって扱われる権利が積極的権利の地位を持つかという問いと密接に関わっている。先述したように、本書ではこれらの問題に立ち入らない。当面は次の点を踏まえるだけで充分である――権利論の観点からみれば、種々の政策や制度によって一部の者がいかなる便益を得ようと、その政策なり制度なりが当の便益を確保するために、ある者の権利を侵害するのであれば悪である。その意味で、権利論は尊重をもって扱われる権利が積極的道徳権の地位を持つとしても、消極的道徳権としてのそれに優先的地位を与える。

本節を終える前にもう一つ明確にしておきたい点がある。これまでの議論では尊重ある扱いに大きな重きを置いてきたので、権利論の解釈者は人々が加害者から加えられる苦痛は道徳的な問題にならないと考えるかもしれない。これは違う。不道徳な扱いを受ける者の苦しみは問題であり、時には（マーシャル船長に殺された憐れな子供の場合などがそうであるように）深刻な事案となる。ただしそれを踏まえた上でなお、権利論のもとではカントの見方と同様、他者を苦しめることが根本の道徳的不正ではない、と理解することが重要である。いくつかの例を示せばこの重要な点が明確になるだろう。

人は様々な形で殺される。ある犠牲者たちは長い拷問の末に息絶え、別の人々は全く苦しむことなく殺される。例えば検知できない致死薬が飲みものに混ぜられていたら、犠牲となる者は何が起こったかを知ることもなく、痛みなく息を引き取って二度と意識を取り戻さないかもしれない。殺人の悪が犠牲者の味わった苦しみの大きさによるとしたら、痛みを伴わない殺人は悪ではないといわざるを得ない。しかしこれは不条理である。では、罪なき者の殺害はたとえ犠牲者が苦しまずとも悪である、とする理由はどうすれば説明できるのか。そしてその説明は、殺される者が大いに苦しむ場合、どのように適用すればよいのか。

権利論はこれらの問いに以下のように答える。罪なき者が痛みなく殺されれば、尊重をもって扱われる当人の権利が侵害されるので、その殺人は悪となる。犠牲者が大いに苦しんでも根本の悪は変わらない。それは尊重の欠如であり、ただこの場合は、なされた悪が被害者の苦しみの大きさによって増加する点だけが違う。権利を侵害された人々の苦しみや他の被害は、時に言語を絶するほどに嘆かわしく悲劇的な世界の現実には違いない。それでも権利論によれば、当の苦しみや他の被害は、尊重なく個を扱ったことの結果であり、ゆえにそれがどれほど浅ましく、どれほど望ましからぬものであろうと、それ自体が根本の悪ではない。

人格

権利論は人間道徳についての考え方として、理性的に最も満足できるものだと思われる。尊重を伴った扱いを求める私たちの要求は妥当な要求であり、妥当な直接義務の原則にもとづく。私たちは皆、平等な内在的価値を尊重する扱いの直接的な対象であり、各人は尊重をもって扱われる平等な権利を有する。私見では、権利論に則るということは、私たちが互いに対して持つ義務の基盤をこれまでにみた他の諸理論よりも十全に明示・説明する道徳理論を受け入れることと同義である。すなわち権利論は最良の理由ないし最良の議論に支えられている。考えるべき重要な問いとして残っているのは、一定の人間らが権利を有する場合、どのような人間がそれを有するのか、である。

カントは自身の哲学において、内在的価値ないし尊厳を人格である人間だけのものと限定した。人格とは様々な洗練された能力、特に理性と自律性を有する個を指す。人格は理性的なので、みずからの選択を前もって批判的に評価することができ、自律的なので、自由に選択を行なうことができ、理性的かつ自律的なので、自身の作為や不作為に道徳的な責任を負う。したがってカントの理論では道徳的責任と道徳的権利が美しい相互関係を形づくる。道徳的責任を負う者の全てが、そしてその者たちのみが、道徳的権利を有し、同じく、道徳的権利を有する者の全てが、そしてその者たちのみが、道徳的責任を負う。そして、道徳的責任を負うのは全ての人格のみなので、カントは道徳的権利を有するのも全ての人格のみと考える。

してみるとカントが人間以外の動物に権利を認めないのは驚くに当たらない。この動物たちが権利を持たないのは人格ではないからである。事実カントの見方では、理性的・自律的存在と動物は、互いに相いれない別の道徳的カテゴリーに属する。すなわち、理性的・自律的存在は《人格》のカテゴリーに属し、牛や豚、コヨーテやミンク、みそさざいや鷲は、それと異なるカテゴリー、カント自身がいうところの《物件》のカテゴリーに属する。したがって後者の動物たちを単なる手段として扱っても何ら悪をなすことにならない。それどころかカントによれば、そもそも人間以外の動物が存在するのは人間の利益を高めるためにほかならない。いわく、動物は「目的に資する手段としてのみ存在する。その目的とは人間である」。食用で動物を屠殺し、衣服目当てでかれらを捕獲し、科学の名のもとにその身体を侵襲することが悪事とならないゆえんである。権利論は全く違う帰結に至るが、これは次章で説明したい。

非人格と尊重義務

カントの哲学は深遠で洞察に満ちているように思われ、私自身の思想にも大きな影響を与えたが、問題がないわけではなく、そのいくつかはおそらく克服が難しい。ここでは主たる難点を一つだけ考える。問題となるのは、いかなる人間が人格に含まれるか、そしてそれに対するカントの答が道徳的にいかなる帰結をもたらすか、である。

まず自明なことを指摘すると、人間である者の全てがカントのいう人格ではない。受精したばかりのヒトの卵子や恒久的な昏睡状態の人物は、人間ではあるが、人格という言葉でカントが指した存在ではない。同じことは、後期ヒト胎児や生後数年の子供、年齢によらず様々な理由でカント的な人格性の特徴たる知的能力を欠く人々にもいえる。よって、こうした人間は全て、人格が有する道徳的に重要な尊厳を持たない。そのため、この人々については、尊重ある扱いの直接義務も、尊重ある扱いを求める権利も生じない。とすると、この人間に属する非人格の者たちを単なる手段として扱ったとしても、カントはそれがなぜいかにして何らかの悪になるのかを説明できないと思われる。

私がみるところ、この最後の点は道徳的に到底受け入れがたい立場であり、良心ある人々は、既に何らかの思想に染まっているのでもないかぎり、私見に同意してくれるものと信じて疑わない。子供や精神障害を抱える老若男女に対しては悪をなしえない、などと私たちが考えることは一時たりとてない。判断を下す前に、考えるべきもう一つの事例を示そう。これは現実にあった人体実験の事件である。

▼ウィローブルックの子供たち

ウィローブルック州立病院はニューヨーク州スタテンアイランドに位置する精神病院だった（現在は閉鎖）。一九五六年から七一年までの一五年間にわたり、同院の職員らはニューヨーク大学教授の医学博士ソール・クルーグマン指揮のもと、入院する三歳から一一歳までの重度知的障害児数千人を使ってウイルス性肝炎の実験を行なった。研究課題の一つは、血清から抽出される複雑な蛋白質の一つ、ガンマグロブリンを注射することが、肝炎ウイルスに対する長期抗体の産生に繋がるか、だった。

クルーグマン博士は被験者を二群に分けるのが最適だろうと考えた。一方の子供たちは生きた肝炎ウイルスを与えられ、ガンマグロブリンの注射を受ける。他方の子供たちはウイルスを与えられ、注射は受けない。どちらの子供に与えられたウイルスも、この病気に苦しむ他の入院児童らの糞便から採取されたものだった。

この実験結果をもとに、クルーグマン博士は肝炎が単一のウイルスによって伝染する単一の病気ではないことを突き止めた。感染は少なくとも二種類のウイルスによって引き起こされることが分かり、それは今日、A型肝炎とより深刻なB型肝炎の名で知られる。初期症状としては疲労・食欲不振・倦怠感・腹痛・嘔吐・頭痛・間欠熱があり、続いて黄疸《おうだん》・尿の黒色化・肝肥大・肝臓に貯蔵される酵素の血中への流入が起こる。死亡率は一〜一〇パーセントとなる。

この知識とそこから生まれた治療法が、多数の人々に便益をもたらしたことは誰も否定できない。生物医学研究の歴史を専門とする者の中には、クルーグマン博士の研究が必要だったかを問い、バルーク・ブランバーグが同様の発見をしたことに言及する立場もある。後者は研究所で血液抗原を分析したのみであり、子供をひどい危害のリスクにさらすことはなかった。しかし仮にクルーグマン博士の成果が、状況を理解しない被験者の人体実験なしに得られないものだったとしても、道徳的問題は変わらない。この研究の目的は、利用される子供たちを利することではなかった。というのも、もしガンマグロブリンの注射がクルーグマン博士の見込み通り、肝炎の予防に役立つのだとしたら、注射を受けない子供たちは研究の受益者候補に含まれえないからである。

さらに、ガンマグロブリンの注射を受けたおかげで肝炎に罹《かか》らなかった子供たちこそが本当の受益者だと語れば、倒錯した道徳的論理となる。なるほど、もしこの子供たちが既に肝炎ウイルスを拾っていたが、注射のおかげで病気の進行を止められたというのであれば、かれらがクルーグマン博士の実験から恩恵を被ったといっても筋は通るだろう。が、子供たちは元々ウイルスを持っていたのではなく、博士とその助手らによってウイルスを与えられたのである。どうすればその子供たちを「受益者」ということができるのか。私があなたのリュックに爆弾を忍ばせたとする。ただしこの爆弾には、爆発を未然に防げると思われる実験装置が付けられている。もし装置がうまく機能したら、あなたは私の手を握り、この実験からおかげを被ったと謝意を述べるだろうか。そうは思わない。むしろあなたは（できるなら）よくも自分をひどい危険にさらしたと言って、私の首を締めると思う。ウィローブルックの子供たちも、クルーグマン博士とその助手らに同じことができたらよかった。

　クルーグマン博士とその同僚らは、子供たちへの尊重の欠如を表わすことをしただろうか。「した！」と全人類が異口同音に言うことを、人々は期待するだろう。博士が他の者たちの利益になる知識を求め、この子供たちを単なる手段として扱ったことは疑う余地がない。しかしカントは、彼自身の見方にしたがえば、この判断を下せない。尊重義務は人格のみに対して生じるものであり、この子供たちは人格ではないので、かれらに対し尊重義務は生じない。さらにいえば、カントの理論に則るかぎり、この子供たちが事件通りの扱いを受けても、何ら悪がなされたことにはならない。そこで次の課題は、権利論がこれと異なる判断に至る次第を、公明正大にして恣意性と偏向を排した理性的に擁護できる形で説明することである。

▼生の主体

この課題に応えるべく、私は人格のみが内在的価値の持ち主であるというカントの考え方を捨て、それに代えて共通の呼び名や言い回しがない概念を示したい。このような言語標識の不在は、一部の哲学者が「語彙の溝」と称するもので、今の文脈に限った現象ではない。例えばアメリカの哲学者ビル・ローソンは、バナナにくっついている白い筋《すじ》状の繊維に対応する語がないことを指摘する。しかしこの場合、語彙の溝があることは道徳に関係ない。というのも、そこに言語標識がないからといって、何らかの道徳的義務がないがしろにされている、あるいは道徳的に重要な事実が無視されていると考える理由はないからである。別の文脈に現われる語彙の溝はより問題含みである。アフリカ系アメリカ人に影響する社会政策についての論述でローソンが指摘するに、ある人々は「黒人支配がもたらしたもの」を概念として意識しているが、それを言い表わす一般的な言葉はない」。ローソンによれば、この場合、一般的に使われる呼び名や言い回しがないことは、人々が不愉快な道徳的現実に向き合ってこなかったことの表われである。名付けられていないものは真剣な注意に値しない、というなら、「黒人支配がもたらしたもの」について語るための一般的な呼び名や言い回しがないことは、それが顧みるに値しないことを意味する。

語彙の溝についていては次章で付け加えることがある。さしあたり述べておきたいのは、現在の問題に関し、大きな道徳的重要性がありながら一般的な呼び名や言い回しがない概念が存在する、ということである。《人格》は私が考える溝を埋めない。それに該当する存在はあまりに少なく、人間にかぎってもあまりに少ない。《人間》もこの溝を埋めない。それは全ての人間を無差別に指し示す。必要は発明の母ということで、私はこの溝を埋めるべく、《生《せい》の主体》という言葉を用いたい。意味するところを説明しよう。

私たちの生は意識の神秘に彩《いろど》られている。哲学者も科学者も満足な説明を行なっていないが、この事実は確かである——私たちはただ世界に存在するだけでなく、世界を意識し、さらに感情や信念や願望の領域といった、いわゆる「内面」で生じる物事をも意識する。この点で私たちは動く物体以上のものであり、植物とは異なるものである。私たちは経験を生きる《生の主体》であり、生物学的事実だけでなく一つの伝記を持つ。私たちは誰かであって、何かではない。

この私たちが生きる経験的生は（これも神秘の一つであるが）混沌としたものではなく統一されている。例えば私たちの中では、ある者に願望が属し、信念が別の者に、感情がこれまた全く別の者に属するというようにはなっていない。そうではなく、私たちの願望・信念・感情は心理的な統一をなし、全てが私たち各々の独自の個に属する。全てが時の中でつむがれる私たち個々の生の物語、私たちの伝記の展開を左右し、さらにこの全てが、一個の生の物語と他者のそれとの違いを目に見える形とする。

さて、生の主体の生は、その生を送る個自身にとって経験的に良くも悪くもなり、それは他の者がくだんの個に価値を置くか否かとは論理的に関係しない。これは私たちの生の質が他者との関係に影響されないという意味ではない。むしろ生における最も重要な宝、すなわち愛・友情・家族の親密感・共同体意識・信頼・忠誠などは、他者との関係いかんによって変わる。生における最も重大な悪、すなわち憎悪・悪意・家庭崩壊・疎外感・詐欺・背信などにも、同じことがいえる。つまり事実問題として、私たちの生の質はかなりの程度、他者との関係が友好的で互助的か、その逆か、その中間かによって、良くもなれば悪くもなる。しかし、私たちは経験的福祉状態を具える個であるという事実は、私たち各々に等しく当てはまる（訳注1）。私たちの存在区分、すなわち経験的福祉状態を具える生の主体という区分は、私たち全てが共有する要素、等しく共有する要素であり、性・知能・人種・階級・年齢・宗教・出生地・才能・社会貢献・等々によらず私たち全てを同一にする要素である。

この同一性は道徳的に軽んじられない。むしろそれは私たちの道徳的平等性を映し出す。道徳的な次元で考えると、片手を後ろに縛られたままショパンのエチュードを弾ける天才は、ピアノが何か、ショパンが誰かを知ることができない重度の知的障害児と比べて「優れている」とはいえない。権利論は道徳的にそのような世界の成り立ちを描くことはないので、（アリストテレス流の道徳的エリート主義者よろしく）アインシュタインを「優越」のカテゴリーに分類し、世界中にいる「劣等」なホーマー・シンプソンらの上に置くような真似はしない（訳注2）。天分の少ない者は、天分に恵まれた者を利するために存在しているのではない。前者は後者と比べた時に、後者の目的に資する手段として使われるだけの単なるモノと化すわけではない。道徳的観点からみれば私たちはみな平等であり、それは各個が等しく何かではなく誰かであり、主体なき生体ではなく生の主体だからである。

道徳的に平等であっても、私たちは当然ながら他の面では平等にならない。ホーマー・シンプソンがアルベルト・アインシュタインの知性に比肩しないのは事実であり、それは私の詩がゴールウェイ・キネルのそれに比肩しないのと同じである。また、全ての生の主体が同程度に豊かで充実した生を送れるということもない。経験的福祉状態を具えるという点で同じであることは、経験的な生の質が同じであることとは違う。ある者たちは幸福で、他の者たちは不幸である。ある者たちは明けても暮れても身体的ないし精神的に大きな苦しみを負い、他の者たちは《苦しむ》という言葉の意味すらよく分からない。こうした違いはいずれも確かにある。権利論はそのいずれも否定しない。経験的福祉状態を具える者たちの実際の福祉状態はみな異なる。同じなのは、私たち全てが経験的福祉状態を具える誰かだという点である。

権利論は、《人格》のみが内在的価値を宿すというカントの見方に代え、あらゆる《生の主体》の内在的価値を認める。この地位を持つ者、すなわち生の主体として経験的福祉状態を具える者たちは全て、内在的価値を宿す。したがってカントの想定とは対照的に、かれらはみな、尊重ある扱いの直接義務を発生させる。そしてやはりカントの想定とは対照的に、かれらはみな、そうした扱いを受ける平等な権利を有する。すなわち権利論はカントが除外する人々にも道徳的権利を認める。

訳注1　経験的福祉状態は、個が経験する幸福や不幸の状態を指す。
訳注2　ホーマー・シンプソンはアニメの登場人物。ここでは凡人もしくは愚人を象徴する。

ウィローブルックの子供たちがその一例である。クルーグマン博士とその同僚らがかの子供たちに行なったことは、タスキギー梅毒実験で研究者らが黒人男性たちに行なったことと同じ理由で悪となる。どちらの事件でも、「人間モルモット」は尊重なき扱いを受けた。どちらにおいても、尊重をもって扱われる権利が侵害された。

カントの理論が除外するのは精神的不利を負う子供だけではない。後期ヒト胎児、新生児、生後数年の子供、および年齢によらず様々な困難により十全な知的能力を欠く人々は、非人格となる。よってカントにしたがえば、この人々は尊重義務を向けられる対象とならず、尊重をもって扱われる権利も有さない。

権利論は人格のみに権利を限定しないので、カントとは異なる可能性を認める。例えば幼い子供はほぼ間違いなく、この世界にあってそれを意識している。子供の身に起こることはほぼ間違いなく、他の者が気にしようとするまいと、その子供自身にとって問題になる。同じことは年のいった子供にもいえ（先にみたレイプ被害者の少女を思い出されたい）、当然視される認知機能の多くを持たないながらも何とか生きてきた成人らにもいえる。こうした人々はみな各々が生の主体であり、ゆえにみな各々が権利論のもとでは尊重をもって扱われる平等な権利を私たちと同じくする。

新生児や生まれる直前の胎児についてはよりややこしい。その心理的な複雑性に関してはまだ理解されだして間もない。外科医らは何代にもわたり、こうした赤子は痛みを感じないという想定のもと、例えば麻酔なしの手術などを行なってきた。しかし新たな時代が幕開けを迎えている。研究が進むにつれ、胎児や新生児に感情・選好・願望を認めるべき理由は増えており、そうした能力があればかれらは固有の経験的福祉状態を具えることとなる。無論、他の問題に比べると、この点をめぐる私たちの知識は確実性に乏しい。そして無論、出生直前の胎児や新生児を生の主体とみるのは行き過ぎかもしれない。知識と良心のある人々が見解を異にする余地はある。私自身はといえば、ここに懸かっている利害が多大なので、間違っているとしても予防的に行き過ぎのほうをとりたい。つまり、説得力のある反証がないかぎり、私はこうした人間が生の主体であると想定して判断と行動に活かすほうを選ぶ。

この判断は道徳的な違いを生む。カントの見方によれば、ここで挙げたような非人格の人間を単なる手段として扱ったところで、原理的に何の悪をなしたことにもならないが、権利論は反対の結論へと至る。こうした人間を道具的価値しかないもののように扱えば、かれらに対し悪をなすこととなり、それは尊重をもってかれらを扱う私たちの義務の不履行、尊重をもって扱われるかれらの権利の侵害に相当する。

権利論への反論

権利論は全ての面で順風満帆とはいかない。他のあらゆる道徳理論と同じく、権利論に対しても重大な反論が数多くあり、それらは他の動物についての考え方とは関係なく、人間に権利を認めるという発想に異を唱える。ここではそのうち四つの代表的反論を考えてみよう（さらなる反論と回答は本節の注釈で紹介した資料にみられる。動物への権利付与に対する反論の数々は第八章で扱う）。

R・G・フライは二つの重要な批判を示す。第一に彼が批判するのは、権利論があらゆる生の主体に認める平等性である。フライはいう。

> 私はあらゆる人間の生が平等な価値を宿すとは考えない。非常に重度の知的障害者、老年認知症の末期に至った高齢者、脳の半分を欠く幼児などの生が、健常な成人のそれと平等な価値を持つとは認められない。人間の生の質は下落しうるものであり、自分にとって最悪の敵であってもこのような生は送ってほしくない、と思える地点まで至りうる。そして私には、最悪の敵にも送ってほしくないような生が、健常な成人の生と比べて等しい価値を持つ、などと偽る理由が分からない。

見逃しがたいことに、右のくだりでフライは「人間の生の質」に言及するのみならず、「人間の生の質」が個々人によって異なり、それが時に疑いの余地もないほど望ましからぬ水準まで「下落」しうるという事実にも言及している。してみればフライが、内在的価値の概念をそれと全く異なる個の福祉状態の概念と混同しているのは明らかである。「生の質」は個の生がどれだけ良いかを指す概念であり、かたや個の「内在的価値」はくだんの生を送る個自身の価値（道徳的地位）を指す。生の主体である人間の中には、錯乱や知的障害や他の困難を抱える者がいる。この人々の生の質が、人間として最高の充実に至った者のそれよりも望ましくないことは認めてよい。しかしそれゆえに、生の質が劣る者は内在的価値も少量ないし皆無であり、道徳的正当性のもと、かれらは生の質が勝る者の単なる資源として扱ってよい、と結論することはできない。

フライによる第二の批判も、権利論があらゆる生の主体に認める平等性を問う。「あらゆる人間の生が……いかに不完全でも同じ価値を持つ」わけではない、と彼は論じ、続けてこういう。「私見では、生の価値は生の質によって変わり、その質はその豊かさによって変わり、その豊かさはその充実の機会ないし可能性によって変わる。そして事実、多数の人間は標準的な人間生活よりも遥かに低い質の生を送っている。その生は充実を欠き、充実の可能性もひどく制限されているか、もしくは皆無である」。しかしこの反論も誤解にもとづいている。第一に、権利論は「あらゆる人間の生が……同じ価値を持つ」と主張もしくは示唆するものではない。内在的価値についてもしかりである（あらゆる人間が生の主体であるわけではないので）。第二に、（権利論にしたがえば）生の主体である人間は誰でも平等な内在的価値を宿すが、それはその人々の生の質が平等であることを意味しない。権利論の観点からすると、個が経験する生の質と、くだんの生を経験する個の価値は異なる（訳注3）。

訳注3　フライは第一、第二の反論の双方において、「生命」と「生活」を混同しているように思われる。英語ではどちらも life であるが、人々が送る life（生活）の価値と、人々が宿す life（生命）の価値は異なる。

第三に、これらとは全く別の反論として、権利論の擁護に用いた議論の形式を問うものがある。ここでいう議論の形式とは次のようなものを指す。

一、これこれは悪である。
二、何々の理論はそれが悪たる理由を説明できない。
三、ゆえに当の理論は不充分である。

この議論形式の具体例は以下のようなものとなる。

一、特定の人々を奴隷として扱うのは悪である。
二、単純な契約論はそれが悪たる理由を説明できない。
三、ゆえに単純な契約論は不充分である。

もう一つ挙げよう。

一、他の者たちを利するために罪なき者を殺すのは悪である。
二、功利主義はそれが悪たる理由を説明できない。

三、ゆえに功利主義は不充分である。

一瞥して分かるように、このタイプの議論は道徳理論の妥当性を試験すべく、それがどの程度、私たちの考え抜かれた道徳的確信（哲学者が時に「直観」と呼ぶもの）に一致するかを問う。ある理論が一度ならず何度もこの試験に落第するようなら、より良い理論を模索すべきと考える理由になる。一部の哲学者らはこの議論形式をしりぞける。シンガーはその一人である。彼は「この倫理学アプローチに組み込まれた本来的な保守主義」を論難する。「当のアプローチは文化史の遺物を道徳性の基準として用いやすい」。このアプローチがなぜ、どのような意味で、「本来的な保守主義」に悩まされるのか。シンガーは次のように考える。

私たちの最も基本的な道徳的確信は、特定の時代における特定文化の価値システムが、私たちの属する家族や社会集団の影響と掛け合わさって形をなしたものである。この影響はシンガーがみるところ、道徳的な保守性を帯びやすい。というのも、伝授される価値は道徳的な既成秩序に与《くみ》するものとなりがちだからである。例えば私たちが南北戦争前のアメリカ南部で、奴隷を所有する白人地主階級の家に生まれたとしたら、吹き込まれる価値観はその階級の価値観を反映し、保守的な性格を帯びただろう。道徳的な既成秩序に挑む価値観（例えば人間は人種によらず平等であるなど）は教えられず、代わりに私たちは既成秩序を強める価値観（例えば黒人は劣等であるなど）を教えられる。その教育が根を下ろせば、白人が黒人に優越することは「自明の真理」とみなされ、その確信は私たちの「道徳的直観」の体系に組み込まれたに違いない。

シンガーによる以上の議論には二つの回答を返せる。一つは人身攻撃である。前章で彼の立場を検証した際にも触れたように、シンガーが支持する理論（選好功利主義）はそれ自体の本来的な保守主義が目につく。アメリカの哲学者ダン・ブロックはこの批判を次の見解にまとめる。

> 人の願望や選好は生物学的欲求と社会化のプロセス（個人が社会や国家や様々な社会集団に組み込まれるプロセス）の産物である。こうした願望や選好は、既存の社会秩序、権力関係や権威関係、および個人の周囲が抱く期待に大きく影響される一方、それらを強化する傾向を持つ。結果、現存する選好の最大限の充足を求めるように定式化された功利主義は、既存の社会構造を強化する方向に働く。すなわちこの理論は大きな保守バイアスを抱えることになる。例えば人種差別的・性差別的な社会は、人々の内に人種差別的・性差別的な選好を育てる可能性があり、選好功利主義はそうした選好を満たすことに努めるものと思われる。

第二に、より根本的なこととして、道徳理論の妥当性を試験すべく、当の理論が（シンガーいうところの）「定着した確信のデータと合致する」か否かを問うのは、方法論として必ずしもシンガーが侮蔑的に論難するような意味での保守性に陥るとは限らない。確信は変更が効かないかぎりにおいて「保守的」となる。しかしながら、直観に訴える方法がこの意味で保守的にならざるを得ないと考える理由はない。私たちの直観の中には、新しい知識や関連する考慮事項（基本的正義の要請も含む）に照らした際に、見直しが必要と思われるものもある。例えば多くのヨーロッパ系アメリカ人が、アメリカ先住民の扱いについて考え方を改めたのは、先住民がどの面からみても自身らと同じ人間であることを認知しだしたことによる。また、「定着した確信」にもとづき子供の道徳的地位を軽んじる者も、その考え方の偏りを理解すれば、当の確信を拭い去らなければならないと認識できる。実際、次章でよくよく確かめるように、直観に訴える方法が必ずしも道徳的保守主義を育てないことは、この方法が私の動物の権利擁護論で重要な役割を果たす事実に、何よりも鮮明に表われている。もしも直観に訴えることが否応なく保守性へ向かうのだとすれば、動物の権利を擁護する私の議論は、各地に並び立つマクドナルドの金色アーチに象徴される現状を肯定するよりも先には、決して進めないだろう（この問題の詳しい議論については、本節に対応する注釈の資料を参照されたい）。

ここで扱う最後の反論は、私がカントに向けた反論に近い。カントの理論によれば、一部の人間は人格ではない。権利論によれば、一部の人間（例えば受精して間もないヒト卵子、無脳症の新生児、脳もしくは脳幹から上の脳活動を欠く幼児など）は生の主体ではない。してみるとこの集団は尊重をもって扱われる権利を有さないことになる、との反論である。

批判者はこれをもとに、権利論は右のような人間の権利を否定するので不満が残る、と結論するかもしれない。しかし、これが致命的な欠陥かどうかはさておき、権利論にその含みはない。権利論はこうした人間が尊重をもって扱われる権利を有さない可能性、あるいは他のあらゆる権利を有さない可能性を、否定はしない。本理論はそうした問いを開かれたままにしておく。権利論によれば、全ての生の主体は内在的価値を宿す。生の主体のみが内在的価値を宿すのかは、権利論が答を出さない問いである。つまり、権利論は生の主体ではない個が、それにもかかわらず、単なる道具的価値に還元されない一種の価値を宿す可能性を認める。ただし挙証責任は生の主体以上にそうした価値を認めようとする者が担う。その証明は公明正大にして恣意性と偏向を排した理性的な擁護論でなければならないが、権利論自体はそれを試みない。

権利論の強み

ロールズ流の契約論に比べて権利論の強みが最も如実に表われるのはここである。ロールズの道徳枠組みには特記すべき価値がある。とりわけ、「悪い」人種・「悪い」階級・「悪い」性・等々に属する者を狙った偏向的な差別、ならびに搾取の可能性は、ロールズがいう無知のベールのもとに否認される。本書で検証した他の理論（特に単純な契約論と道徳的エリート主義）が道徳的偏見を認めるのに比べれば、ロールズの枠組みは明らかに優れており、道徳理論や政治理論の分野に携わる哲学者はみな、彼に多くを負っている。

が、ロールズの理論にもなお、偏見がまとわりついている。思い出してほしいが、ロールズの考える契約者は「正義の感覚」を持っていなければならず、かれらのみが直接義務を向けられる対象だった。幼い子供や、年齢によらず深刻な精神障害を抱える人々は、この条件を満たさないので、直接義務を向けられない。私たちがこの人々に関して負う義務は、正義の感覚を持つ者に対する義務から生じる。

権利論はロールズ流の契約論の強みを残し、弱みを避けられる。強みを残せるのは、権利論が人種・性・民族・等々を根拠とした広義の人類メンバーに対する偏向的な差別、ならびに搾取の可能性をしりぞけるからである。弱みを避けられるのは、直接義務を向けられる対象者に正義の感覚を求めないからである。集団レイプの被害を受けた知的障害を持つ少女は不正な扱いを受けたか、という問題を考えるだけで、ロールズの基準が高すぎることは理解できる。彼女自身に正義の感覚がなくとも、この不幸な少女は人類の名を汚すような扱いを受けたといえる。彼女自身が他の者に対する義務を負わずとも、生の主体として、彼女は尊重ある扱いの直接義務を発生させ、彼女は他の者への義務から派生する間接的保護のたぐいではなく、尊重をもって扱われる権利を有する。

本章を終える前に四つ、重要な点に触れておく必要がある。第一に、功利主義の批判的評価でも指摘したように、同理論の手続きはあらゆる選好充足を、その出所に関係なく考慮する。ゆえに一貫した功利主義は、レイプ犯やその支持者・共犯者の選好など、悪の選好も考慮に入れ、その充足を犠牲者の同量の選好と同じ重要性を持つものとしなければならない。私はこの手続きが道徳的に浅ましいと考える。この点に関し付け加えることはないとも思う。少女を踏みにじった者の選好や、その支持者・共犯者の選好は、なされた悪を特定する過程に一切関与すべきではない。権利論はその理由を説明できる。悪の選好とは、それを行動に移した時、他者の権利侵害もしくはその承認・許容に繋がる選好を指す。だからこそ権利論では、レイプ犯やその行ないを容認・許容した者たちの選好が価値を持たない。一部たりとて、である。

第二に、悪の選好から行為することは、その行為者が悪人であることを意味しない。人が悪となるのは（少なくともこれが私たちの言わんとすることの最も明瞭な例であるが）、当人がみずからの内に根を下ろした個人的性格の表われで、習慣的に他者の権利を侵害し、なおかつそこに残酷性が伴っている場合、すなわちくだんの侵害が生む他者の苦や喪失に喜びを見出すか、何も感じない（無関心でいる）場合である。これに対し、他の面ではまともであるが、ある個別的な一件で悪の選好にもとづき、他者の権利を侵害する行為におよんで、後にそれを悔いている人々を並べてみてほしい。レイプ犯の少年らにもそのような者がいたかもしれない。無論、そうした者たちの行ないも極悪である。そして無論、悪の選好に屈したことがかれらをその行為に駆り立てたのは間違いない。しかしそれでも、単一の悪事が人を道徳的な悪魔にするわけではない。悪をなす人々は（私たちは誰もそうであるが）、それを補うような美質を持っていることが往々にしてある。したがって権利侵害を悪と判断するのは妥当であるが、そこから性急に権利侵害者の道徳的性格を判断することに対しては慎重でなければならない。

第三に、他の面ではまともな人々も、個別の事件に限らず日常生活の一環で、悪事の支持者や共犯者となることがある。例えば奴隷制の恩恵に浴していた南部白人の一部は（それに北部白人の一部も）その立場だったに違いない。奴隷たちの基本権が日常的に、しばしば無慈悲に侵害されたという点で、かれらに対し巨悪がなされたのは紛れもない真実である。そしてその侵害が多数派を占める白人らの悪の選好によってなされたのも、やはり紛れもない真実である。しかし奴隷制の受益者である白人の全てが悪人だったわけではなく、全てが道徳的に欠陥のある性格のせいで習慣的に他者の権利侵害を楽しんでいたわけでも、自分以外の者が犯すくだんの権利侵害に無関心だったわけでもない。残酷・親切論の議論でみたように、人が行なうことの道徳的評価と、それを行なう人の道徳的評価は分けなければならない。この原則は目下の件にも当てはまる。悪の選好にもとづいて行為することは、権利侵害に関わる不正と繋がっているが、それは一つの問題である。悪い性格を持つ者がいることは別の問題である。

第四に、そして最後に、権利論は同意なき性交、例えば小児とのそれを推奨・容認する者から距離を置く。権利論は、「私的に」行なうならば、成人と小児の「互恵的〔性〕活動」に何も悪いことはない、とは結論しない。それとは逆に、権利論はそもそもそうした活動におよぶこと自体に一種の不正があるとみる。小児は充分な情報にもとづく合意ないし拒否を行なえない。多くの小児は《はい》や《いいえ》という言葉を口にすることもできない。事の本質からして、小児との性行為は強制的になり、尊重の欠如を呈し、ゆえに悪とならざるを得ない。

次章では動物の権利の擁護論を示す。その作業に先立ち、権利論が人間道徳に関して示唆することに触れておくのは有意義だろう。権利論は人間の権利を中核に据える道徳理論であり、個の生命・自由・身体に関する自己決定が最大限の保護に値するとした上で、その保護を人種・性・階級・年齢・高度な知的能力・等々のいかんによらず全ての生の主体たる人間におよぼし、その平等な保護を公明正大にして恣意性と偏向を排した理性的に擁護できる思考によって基礎づける。

第一章で、私はどちらかといえば人間の権利擁護が動物の権利擁護にもまして自分の思想の核心部分をなすことを示したいと述べた。私は第一に人間の権利を擁護する者（特に幼児や子供や、広義の人類に含まれる他の力なき脆弱な人々のそれを擁護する者）であり、それに次いで動物の権利を擁護する者である。私は人間の権利を支持する自分の立場を示せたものと信じる。仮に次章の結論が誤りもしくはナンセンスと判明しても、本章の結論とそれに至るまでの議論はそれ単体で成立ないし瓦解するものなので、そのように判断されることを願いたい。

第七章

動物の権利

今や人間以外の動物の権利を考える時である。当初から私は、この議論が段階的性格を持つと強調してきた。動物が権利を有するか否かは、より根本的な他の問いに答を出さないかぎり、有益な形で迫れない問題である。先にみたように、道徳理論の中には動物の権利のみならず人間の権利をも否定するものがある。そうした理論を批判的に評価することも、先に考えるべき問いの一環をなす（これが全てではないが）。そして、それらの弱みを確認し、権利論がそれら各々の強みを残せる次第を説明すると、人間の権利を認めるべき理由が明らかになる。この理由が分かれば、それに続いて――私見ではそれに先行して、ということはなく、続いて――動物の権利を認めるべき理由も明らかになる。動物の権利をめぐる問いの答に合理性を持たせるには、これだけ長い手続きが必要だった。私が示す答が正しいにせよ正しくないにせよ、この問題には慎重かつ公平なアプローチが要され、前章までの議論でもそれを試みてきた。第三章で私が、動物の権利の擁護論は二、三行以内でまとめられるものではない、と述べたのはこの意味である。

論争を呼ぶ道徳問題は――ちなみに動物が権利を有するかという問題ほど論争を呼ぶものも少ないが――、別個でありながら関連し合う四種の問いを含むことが多い。これらはどこでどのように人々の意見が一致もしくは不一致に至るかを確かめるのに役立つ。具体的には(一)事実の問い、(二)価値の問い、(三)論理の問い、(四)実践の問いであり、最後のそれは、他の問いの答を踏まえ、何かを変える必要が生じたとしたら、何を変えるべきなのかを問う。本章ではこれらの問いを掘り下げ、人間以外の動物は権利を有する、と結論できる理由を明らかにする。

事実の問い

まず事実の問いであるが、論争を呼ぶ道徳問題を前に、良心ある人々が対立する答を示す場合、道徳的に何を行なうべきかについてかれらが意見の不一致に至るのは、何が正しい事実かをめぐって認識の不一致があるから、ということがある。例えばある人々は積極的安楽殺(意思表示のできる患者が末期症状でひどく苦しみ死を望んでいる時に、第三者がその意図的殺害を行なうこと)の合法化は道徳的に不正だと考える。なぜか。理由の一つは、社会が滑りやすい坂道を転がり落ちていくことへの懸念に関わる。つまり、もし限定的な状況で積極的安楽殺が合法化されたら、ひどく苦しんでいない人々や末期症状ではない人々、残りの生を生きる以上に死を望んではいない人々の安楽殺までが、いずれ合法化されるだろうとの理由である。簡単かつ率直に言い換えれば、この反対者らは、特定の人々を対象とする積極的安楽殺の合法化が、他の人々の殺害をも合法化することに繋がると信じている。

しかし特定状況における積極的安楽殺の合法化は、実際に他の人々の殺害へと繋がるのだろうか。これは事実の問いであり、「単なる事実の問い」が時に至極厄介になることをよく表わしている。これに類する状況としては、オランダで一九七三年に、限定的な状況での積極的安楽殺が合法化されたなどの例があるものの、その長期的効果については知識が限られているため、それがどうなるかを自信に満ちて断言できる者がいるとは思えない。

動物の権利論争で中心となる事実の問いは、積極的安楽殺の合法化論争を左右するそれとは重要な面で異なる。後者では人々の将来的な行動を考えなくてはならないが、前者では今現在、動物の心理について分かっていることを挙げればよい。先の第四章では、動物の心に関する一連の事実判断を支える考察を示した。そこでは（少なくとも）哺乳類と鳥類は選好利益と福祉利益の双方を持つと論じた。デカルト主義者が逆の想定をしようと、こうした動物たちは私たちの生物学的な親戚であるだけでなく、精神的な親戚である。

どうすればそれが分かるのか。先の議論で述べた通り、こうした動物たちに心を認める根拠は、私たちが互いの心を認める根拠と同様である。動物たちの行動は私たちの行動に似ている。かれらの心理や身体構造は私たちのそれに似ている。そしてかれらが精神を持ち心理を持つことは、常識

（とあらゆる宗教の教え）に適うだけでなく、最良の科学によっても認められている。これらの考察は、いずれも単体では動物に心があることの証明にはならないかもしれないが、全てを合わせると、こうした人間以外の動物が豊かで複雑な精神生活を送っていると認める強力な根拠になる。

価値の問い

価値の問いは事実問題だけを考えるものではない（事実が大いに関係することはあるが）。これは今考えている件も同様であり、ここで中心をなす価値の問いは、人間以外の動物の道徳的地位に関するものとなる。以下がその意味するところである。

前章では生の主体について論じた。そこで説いたように、生の主体は世界に存在するだけでなく、世界を意識し、かつ「内面」で生じる物事、みずからの瞳の奥に息づく生をも意識する。その点で、生の主体は動く物体以上のものであり、生き死にする植物とは異なるものである。生の主体はみずからの生における経験の中枢であり、その生は他の者が価値を置くか否かとは論理的に関係なく、当の個自身にとって経験的に良くも悪くもなる。そこで、少なくとも哺乳類と鳥類に関していえば、結論は単純である――事実問題として、この動物たちは私たちと同じく生の主体である。

以上の考察から、語彙の溝についていくらか言えることがある。一般に、道徳理論の伝統的な語彙では、互いに別個ながら関係し合う三つの概念で話を進める必要があった。それは（一）人間・

(二)動物・(三)人格、である。いずれも他の二つと完全には重ならない。例えば全ての人間が動物であるというのは真であるが、全ての動物が人間であるというのは偽である。また、一部の人間がカント的な意味での人格であるというのは真であるが、動物は人格に該当しない。私たちの言語に欠けているのは、人間と動物の心理的な重なりに当たる部分を表わす共通の呼び名もしくは言い回しである。これが「生の主体」によって穴埋めしようとする語彙の溝だった。この概念を導入すると、人間と他の動物のうち、一連の精神機能、ならびに経験的福祉状態を具える存在という共通の地位を併せ持つ者を、特定できるようになる。《人間》という語では足りない。一部の生の主体は人間ではないからである。《動物》という語でも足りない。一部の動物は生の主体ではないからである。そして《人格》という語も同様の欠陥を抱える。一部の生の主体は、人間であろうとなかろうと、人格ではないからである。しかし問題となる現実、文字通り何百億もの人間と動物に当てはまる現実は、取り違えようがない。

生の主体である者の同一性が道徳的に取るに足らないのであれば、ここにあった語彙の溝は「バナナにくっついている白い筋状の繊維」の場合と同じ程度の道徳的重要性しか持たないだろう。が、生の主体である者の同一性は、道徳的に取るに足らないどころではない。むしろ前章で理由を述べたように、生の主体という概念は、誰が内在的価値を宿すか、誰が道具的価値しかない存在のように扱われてはならないか、という問いに答える上での要となる。価値の問いでこれ以上に根本的なものを想像するのは難しい。

生の主体であるか否かは、内在的価値を宿す人間が誰かを明らかにするのみである、と語るのは、種差別の偏見の表われである。もしも、生の主体である人間は人間であるがゆえに内在的価値を宿し、生の主体である他の動物は人間でないがゆえにこの価値を宿さない、と信じなければならないのだとすれば、その教えは種差別の偏見を匂わせているのみならず、くだんの偏見そのものとなる。一方は人間のそれで他方は違うとの理由から、人間の利益は道徳的に重要であると認め、人間以外の同様の利益には同じ価値を認めない、というのが種差別であるように、一方は人間で他方は違うとの理由から、生の主体である人間には内在的価値を認め、生の主体である人間以外にはそれを認めない、というのも種差別にほかならない。

では私たちに関わる動物——牛や豚、コヨーテやミンク、駒鳥や烏《からす》——については何が言えるのか。かれらは生の主体である点で私たちと同様なのか。かれらは経験的福祉状態を具え、それは私たちにとってかれらが役立ちうるかどうかに関係なく、かれら自身にとって重要なのか。デカルト的な考え方を持つ人々には、ここで前に出てもらい、否と言ってもらおう。常識による確信、それに世界中の宗教の教え、優れた科学の知見は（理の当然として）反対の見方をする。この動物たちは私たちの心理的な親戚である。私たちと同じく、かれらの生は統一された心理的存在の神秘に彩られている。私たちと同じく、かれらは《誰か》であって《何か》ではない。これらの根本的な点で、かれらは私たちに、私たちはかれらに似通っている。

さらにこれも軽視できない点として、権利論は生の主体である人間を「優位」「優等」の組と

「劣位」「劣等」の組に分けて序列化することを断固認めないだけでなく、一貫性にもとづき、人間と動物のあいだに同様の序列を設けることも認めない。生の主体である人間は誰もが道徳的に重要な（内在的）価値を平等に持ち、それは知識・才能・財産・等々の違いに左右されない。生の主体である動物に関し、同じ判断に至ることを妨げるものは、種差別の最後の名残りをおいてほかにない。《私たち》は「優位」でも「優等」でもなく、《かれら》は「劣位」でも「劣等」でもない。道徳的に重要な価値、内在的価値の点で、私たちはかれらと、かれらは私たちと平等である。

論理の問い

論理の問いは、ある言明が別の言明から導かれているかを問題にする。これを判断するには幾分手の込んだ方法がある。さいわい、ここでその詳細に立ち入る必要はない。ここでは動物の権利を認める結論が、今までの議論で支持根拠を与えた他の一連の言明から導かれていることを示せたら充分である。要約も兼ねて振り返ってみよう。

一、動物に対する直接義務を認めない道徳理論（単純な契約論やロールズ流の契約論など）は不満が残る。したがって道徳理論が妥当性を得るには、動物に対する直接義務を認めなければならない。権利論はこの要件を満たす。

二、種差別的な道徳理論（例えば人間の利益の全てが、そしてそれのみが、人間の利益であるがゆえに道徳的な重要性を持つと主張する理論など）は不満が残る。したがって道徳理論が妥当性を得るには、人間以外の動物の利益が道徳的な重要性を持つと認めなければならない。権利論はこの要件を満たす。

三、動物に対して私たちが負う直接義務を、人の性格特徴に結び付けて説明する道徳理論（残酷・親切論など）は不満が残る。したがって道徳理論が妥当性を得るには、人が行なうことと人がその時にみせる性格の道徳的評価を区別できなければならない。権利論はこの要件を満たす。

四、人間道徳の説明において道徳的権利の概念を用いない道徳理論（選好功利主義など）は不満が残る。したがって道徳理論が妥当性を得るには、人間の権利、特に尊重をもって扱われる権利を認めなければならない。権利論はこの要件を満たす。

五、人間道徳の説明において人格である人間の全てのみに内在的価値を認める道徳理論（カントの立場など）は不満が残る。したがって道徳理論が妥当性を得るには、人格ではない人間の内在的価値を認めなければならない。権利論はこの要件を満たす。

六、人間以外の動物に経験的福祉状態があることを認めない道徳理論（カラザースの立場など）は不満が残る。したがって道徳理論が妥当性を得るには、経験的福祉状態を具える人間以外の動物がいることを認めなければならない。権利論はこの要件を満たす。

七、生の主体である人間の全てのみに内在的価値を限定し、それによって生の主体である他の動物の内在的価値を否定する道徳理論は種差別的で不満が残る。したがって道徳理論が妥当性を得るには、経験的福祉状態を具える者が種によらず道徳的な重要性を持つと認めなければならない。権利論はこの要件を満たす。

八、生の主体である人間の内在的価値と権利を肯定する道徳理論は、それを否定する立場よりも望ましい。権利論はこの要件を満たす。

一から八までの言明を議論の土台として、権利論にもとづく動物の権利擁護論は以下のように結論する。

九、内在的価値を宿す人間の有意味な共通性は、先に説明した意味での生の主体であるという点にある。また、私たちに関わる人間以外の動物は、同じく生の主体であるという点で私たちと同様である。また、有意味な点で同様の事例には同様の判断を下さなければならない。ゆえに、右の人間以外の動物たちは同じく内在的価値を宿す。

十、内在的価値を宿す者の全ては、尊重をもって扱われる平等な権利を有する。ゆえに内在的価値を宿す人間および動物の全ては、尊重をもって扱われる平等な権利を共有する。

これは動物の権利の「厳密な証明」となるか。ここでの私の答は、人間の権利をめぐる先の問いに対する答と重なる。厳密な証明はこの分野では望めない。できること、そして私が試みてきたことは、動物の権利承認が公明正大にして恣意性と偏向を排した理性的に擁護できる道徳思考――これまでに検証してきた種々の有力な道徳理論の強みを残し、弱みを避けられる考え方――によって支えられている次第を、説明することである。厳密な証明を組み立てることはできない代わりに、私の議論は適切な証明を行なう負担を、他の理論の支持者に課すものとして役立つ。すなわち、私の議論はどこでなぜ誤るのか、他の道徳理論はいかなる点でより良い理由ないしより強力な議論の支えを持つのか――これを説明する負担は、私の結論に同意しない者が負う。

実践の問い

初めに私は、動物の権利と動物の権利運動に関する私見が廃絶主義的な性格を持つことに触れた。繰り返すと、「この運動は動物搾取のあり方を改め、人の行ないを人道的にすることをめざすのではなく、当の搾取の廃絶をめざす――完全になくす、ということである」。なぜ人道的改革が不充分かは自明だろう。例えば科学での動物利用について、権利論は断固廃絶の立場をとる。動物は私たちの毒味役ではない。私たちはかれらの王ではない。研究で利用される動物たちは、他者にとっての有用性に還元できる価値しかないもののごとくみなされ、日常的かつ組織的にそう扱われている点で、日常的かつ組織的に尊重なき扱いを受けている。よってかれらの権利は日常的かつ組織的に侵害されている。これは動物を利用する研究が、人間の便益を確約するものであろうと、些末、重複的、不必要、ないし愚劣なものであろうと変わらない。そうした理由で日常的に人間を害し殺すことは正当化できない。研究所にいる人間以外の動物が相手でも、それはできない。求められるのは、研究計画の洗練化ではなく、利用する動物の単なる削減でもなく、惜しみない麻酔の使用や複数回にわたる手術の禁止でもなく、動物の権利の組織的侵害なしに立ち行かない組織の改善でもない。大きな檻ではなく、空《から》の檻である。全廃である。科学での動物利用に関し私たちにできる最善のことは、利用をしないことである。権利論にしたがうならば、ここに私たちの義務がある。

商業的畜産業についても権利論は同様の廃絶主義的な立場をとる。そこにある根本の道徳的不正は、動物たちが不快な狭い檻や孤独下に置かれていることではなく、痛みや苦しみ、欲求や選好が無視・軽視されていることでもない。それらは無論、いずれも悪であるが、根本の悪ではない。それらはより深部にある組織的不正の徴候であり効果であって、くだんの不正は、この動物たちを人間の目的に資する単なる手段、私たちの資源、まさに交換可能な資源とみなし扱うことにある。畜産場の動物たちに、より多くの空間、より多くの自然環境、より多くの仲間を与えたところで、根本の悪が正されることはなく、それはちょうど、研究所の動物たちにより多くの麻酔やより大きく衛生的なケージを与えても根本の悪が正されないのと同じである。商業的畜産業の完全な抹消以下に留まるならば、根本の悪は正されない。同様の理由で、権利論は毛皮産業の完全な抹消以下を要求するものではない。権利論の廃絶主義的帰結は、先に述べた通り、明確にして妥協がない。

これらの信念は多くの人々から急進的で過激とみられるに違いないが、それは私が避けようとしたことではない。私たちが暮らす文化圏の支配的な慣習のもとでは、こうした信念はそう捉えられるしかない。動物は権利を有する、という主張が意味するのは、かれらに対し私たちがやさしく接しなければならないということに留まらない。動物たちが私たちと同じく、見えざる立入禁止標識に守られているのだとすれば、そしてまた、動物の権利尊重が私たちのそれと同じく、人間のいかに大きな個人的・公共的利益に対しても切り札として働くのだとすれば、権利論の「急進的」で「過激」な廃絶主義の帰結は不可避である。道徳的に、私たちは個人もしくは社会全体の利益になるというだけで、生の主体である動物に対し、生命の奪取、身体の侵襲・傷害、および自由の制限を企ててはならない。動物の権利を認めるということが何かしらの意味を持つのだとしたら、これがその意味である。

最後に一点。功利主義の帰結とは対照的に、獣姦は権利論において一切正当化されない。権利論は、「私的に」行なうならば、人間と動物の「互恵的〔性〕活動」に何も悪いことはない、とは結論しない。それとは逆に、権利論はそもそもそうした活動におよぶこと自体に一種の不正があるとみる。動物は充分な情報にもとづく合意ないし拒否を行なえない。動物は《はい》と言えない。《いいえ》とも言えない。事の本質からして、動物との性行為は強制的になり、尊重の欠如を呈し、ゆえに悪とならざるを得ない。

この判断に至る過程で、権利論は時代遅れの性的禁忌を不合理に尊ぶことも、性的潔癖を掲げることもしていない。「互恵的［性］活動」は人生における至高の快楽に数えられる。したがって、そうした活動は盛んなほど良い……ただし条件として、その参加者は充分な情報にもとづく合意ないし拒否を行なえなければならない。性的満足という目的は、強制的性行為という手段を決して正当化しない。

第八章
反論と回答

多くの人々は動物の権利という概念に反発する。一般的反論と私が呼ぶものは、よくある不信のたぐいである。様々な理由で、ある人々は動物に権利があることを容易に信じない。他の人々は宗教的な理由から、また少なからぬ哲学者らは哲学的な根拠のもとに、動物の権利を否定する。本章ではこのそれぞれに属する代表的反論を取り扱う。

一般的反論

▼「動物は人間じゃない」

動物の権利を拒む人々は、時に当たり前のことを指摘する――人間以外の動物は人間ではない、と。これをもとに、この人々は動物が権利を持たないと推断する。この反論が述べていることの一部は確かに当たっている。犬や雄鶏、サイやイルカは人間ではない。それはそうであるが、この事実は動物が権利を持たないと考える理由にはならない。

この「動物は人間じゃない」という反論を最大限合理的に解釈するとしたら、動物が権利を持たないのは、動物が私たちの種——つまりヒトという種、ホモ・サピエンスという種——に属さないからだ、という意味になる。しかしこのような事実（生物学的事実）は道徳的な重要性を持たない。それが意味するのは、ある存在（人間）が一つの生物種に属し、他の存在（例えば狼）がもう一つの生物種に属する、ということだけである。しかし誰がどの種に属するかは、道徳をめぐる思考には関係ない。人間が権利を有し、狼がそれを欠くと考えるにしても、両者が別の種に属するというだけではその理由にならない。

次に、道徳的権利を偏った理由で否定することは正当たりえない、という点も指摘できる。人種は偏った理由である。性もそうした理由である。種の帰属にも同じことがいえる。いずれの種に属するかが権利の有無を決めるという考えは、人種差別や性差別と同種の偏見を露呈している。種差別の露呈である。

▼「動物の権利を信じるなんてバカげている」

一部の批判者は動物の権利という概念に真っ向から喰ってかかる。いわく、この概念はバカげている、動物が投票や結婚や国籍変更の権利を持つと信じるなんておかしいじゃないか、だから動物に権利はない、と。

ここで言われていることの一部は当たっている。動物が投票や結婚や国籍変更の権利を有するという理論はバカげている。権利論は、なぜ動物の権利の承認がこのようなバカげた帰結に陥らないかを理解する助けになる。異なる者たちが一部の権利を共有するために、全ての権利を共有しなければならないということはない。例えば八歳児は投票権を持たない。しかしだからといって八歳児が尊重をもって扱われる権利を持たないということにはならない。権利論によれば幼い子供たちもこの権利を有する。そしてこうした子供は全ての権利を持たずとも尊重をもって扱われる権利を持つのであるから、動物の地位を違うものと判断する理由はない。牛や鳥は投票権を持たずとも、尊重をもって扱われる権利を有することはできる。

▼「アメーバの権利！」

動物の権利に対する一般的な反論の一つは、別の仕方でこの概念をナンセンスにしようと試みる。それによれば、仮に一部の人間以外の動物が権利を有するなら、全ての人間以外の動物が権利を有する。したがってアメーバも権利を有することになるが、そう信じるのはバカげているので、アヒルやイルカが権利を有すると信じるのも同じくらいバカげている。

アメーバが権利を有すると信じるのはバカげているか。「バカげている」は乱暴すぎる言葉かもしれない。「誤りである」といえば穏やかで、私の考えとも一致する。なぜか。なぜというに、アメーバのような単純な生命形態が生の主体であると信じるだけの妥当な理由は見当たらず、そうではないと信じる至極妥当な理由（例えば比較解剖学や比較生理学にもとづく理由）が存在するからである。よって、権利論はアメーバも含む全ての人間以外の動物に権利があると信じることなく、一部の人間以外の動物に権利があると信じる思考に公明正大な根拠を与える。

加えて、この反論がそれに対応する以下のような議論を生むことにも注意されたい。

もしもある動物が権利を有するならば、全ての動物（アメーバも含む）が権利を有する。
人間という動物は権利を有する。
ゆえに全ての動物（アメーバも含む）は権利を有する。

もちろん、動物の権利に対し「アメーバの反論」を突き付ける人々も、それに対応するこの議論からは距離を置くに違いない。が、なぜそうするのかを説明しようとした際に、この人々がこれまた独自の理由で破綻する議論（「動物は人間じゃない」など）をよりどころとせずにいられないことも、同じく想像に難くない。

▼「植物はどうなのか」

私の経験がアテになるなら、これは動物の権利に対する最もありふれた反論である。質問の論理は単純である。もしも動物が権利を有するのであれば、植物も有する。そしてもしも植物が権利を有するのであれば、ほうれん草サラダを食べることはサーロイン・ステーキを食べるのと同じくらい悪い——困った肉食者にとっては救済、真面目な菜食主義者《ベジタリアン》にとっては重い十字架である。

が、「アメーバの権利！」の時と同様、権利論は公明正大な回答を持っている。内在的価値は生の主体である者の全てに等しく具わる。生の主体とは（説明したように）世界にあって世界を意識する個である。さらに、生の主体である者の身に起こることは、その経験的福祉状態を変える点で、その者にとって重要な意味を持つ。あなたや私は生の主体である。牛や豚もそうである。しかし植物については、「誰か」であることを肯定できる妥当な理由がなく、否定できる妥当な理由は充分にある。植物は生きているか。しかり。植物は生の主体か。違う。

「しかし全ての生きものが平等な内在的価値を宿しているとは考えられないのか」。権利論はその可能性を認める。この理論は、より徹底した平等主義を擁護する哲学者（例えばポール・テイラーなど）を制しはしない。ただ言えるのは、そうした見方を支持する哲学者は公明正大にして恣意性と偏向を排した理性的な自説の擁護を行なわなければならない、ということである。私が判断するかぎり、これを今までに成し遂げた者はいない。

また、「植物の権利」があったところで、動物の肉を原則として食べないという義務がなくならないことは留意されたい。ハンバーガーに変えられる牛やリブにされる豚は、屠殺を迎える前に膨大な穀類その他の植物を食べなければならない。逆説的にも、植物殺しを最小に抑える最良の方法は(いずれにせよ私たちが何かを食べ続けるとするなら)可能なかぎり食物連鎖の下位にあるものを食べることであり、肉食はこれに背く。

植物について何がいえるとしても、これを私たちは知っている——この文化において、日常的に食べられ、捕らえられ、研究所で使われる何百億もの動物たちは、私たちと同じく生の主体である。したがって、私たちの平等な内在的価値と、私たちの尊重をもって扱われる平等な権利が認められなければならないのであれば、理性にしたがうかぎり、かれらの平等な内在的価値と、かれらの尊重をもって扱われる平等な権利も認められなければならない。賢明な道徳が命じるのは、真実にしたがった行動であり、真実かもしれないことにしたがった行動ではない。

▼「動物は権利を理解しない」

批判者は時に、動物は権利が何かを理解しないと言い、よって動物には何の権利もないと結論する。これは非常にまずい議論である。例えば私などは、権利について三〇年以上も考えてきたが、権利を完全には理解できていないという確信がある。また、ウィローブルックの子供たちや様々な年齢層の子供たちも全く権利を理解しないに違いない。それでも、子供たちには身体に関する自己決定権や生存権のような具体的権利、あるいは尊重をもって扱われる権利という一般的権利がない、ということは唱えられない(唱えられるべきでもない)。よって、一貫性を保つなら、権利を理解しないという理由で、動物はこれらの権利を欠く、と論じることはできない。

▼「動物は私たちの権利を尊重しない」

動物の権利の批判者は時に、動物は私たちの権利を尊重しないので、みずからも権利を持ちえない、と主張する。ここでも、反論の一部は正しい。なるほど動物は私たちの権利を尊重しない。動物たちは他者の権利を尊重するとはどういうことかを知らない（そう信じる妥当な理由はいくらでもある）。しかしここでもまた、幼い子供の道徳的地位を振り返ってみれば、相互性を求めることに根拠はないと分かる。幼い子供が私たちの権利を尊重しないかぎり、私たちにも子供の権利を尊重する義務はない、と考える者はいない。こうした場合に相互性は要求されない。恣意性と偏向を排した上で、動物に別の基準を適用すべきとする理由はない。

▼「動物は他の動物を食べる」

動物の権利への反論は時に特定の行為、例えば肉食に焦点を当てる。批判者はライオンがガゼルを食べると言い、ではなぜ人間が鶏を食べるのは悪なのかと問う。二つを分ける最も明瞭な違いを言えば、ライオンの場合、生きるためには他の動物を食べる必要がある。私たちは違う。そして、ライオンがしなければならないことは、私たちがしてよいことと論理的に繋がらない。加えてこの反論がどれほど私たちの日常的な行ないから懸け離れているかも注目に値する。アメリカ人の大半はセントラルヒーティングと屋内トイレがある家に暮らし、車に乗って、服を着る。他の動物はこのどれもしない。であれば私たちは今の生き方をやめて動物の真似を始めるべきなのだろうか。家と服を後にして野に向かうべきなのだろうか。動物の権利の批判者で、わずかでもそうしたことを唱えている者は一人も見たことがない。とすると、なぜ肉食動物の食習慣を、私たちが真似すべき動物行動という特殊カテゴリーに分類するのか。

▼「どこで線を引くのか」

批判者は動物の権利に挑んで、時にこう問う。「どこで線を引くのか。どの動物が生の主体で、どの動物がそうでないかは、どうすれば厳密に分かるのか」。この厄介な問いに対しては誠実な答がある——どこで線を引けばよいかは、厳密には分からない。生の主体である者全てが具える意識は、生における大きな神秘の一つである。精神状態が脳の状態と同じなのか否かはさておき、ともかく何らかの精神状態を持つには、機能を保った無傷の中枢神経系と脳幹から上の脳活動が必要であるという点については、膨大な証拠がある。そうした意識の生理学的基盤が、厳密にいって系統発生のどの段階で現われ、どの段階でなくなるかは、誰にも断言できない。

しかしそれを知る必要はない。人は厳密にいってどれだけ長身なら長身といえるのかを知らずとも、バスケットボール選手のシャキール・オニールが長身なのは分かる。人は厳密にいってどれだけ歳を取っていれば歳を取っているといえるのかを知らずとも、七〇代後半にして絵筆をとったグランマ・モーゼスが歳を取っていたのは分かる。これと同様に、動物が厳密にいって系統発生のどの段階にいれば生の主体になるのかを知らずとも、私たちに関わる動物たち――食用で飼養され、毛皮用で飼育ないし捕獲され、ヒト疾患のモデルとして利用される哺乳類や鳥類など――が生の主体なのは分かる。一部のことを知るために全てのことを知る必要はない。系統発生のどの段階まで下れば意識が消滅するのかを知らないからといって、意識が明らかに存在するのはどこかを特定できないということはない。

宗教的反論

本章の冒頭で述べたように、ある人々は時に宗教的理由から動物の権利に反対する。これが全てというつもりは毛頭ないが、動物の権利に対する主な宗教的反論は以下のようなものとなる。

▼「動物は魂を持たない」

よく聞かれるこの反論は、権利の所有を死後の生という未来の展望と結び付ける。もしも動物が魂を持たないのだとしたら、かれらに死後の生はない。体が死ねば、「誰か」としての動物は完全に消え去る。これが全ての宗教による見解ではないという点は心に留めておいてよい。ヒンズー教や多くのアメリカ先住民の伝統は分かりやすい反例であるが、主流のキリスト教神学者も、聖書にもとづき動物の魂を認める議論を行なっている（ジョン・ウェズリーはその一例）。

しかし議論の便宜上、ここでは動物に不滅の魂がないとしてみよう。第一に論理的な指摘を、第二に神学的な指摘を返さなければならない。論理的なことを考えると、不滅の魂を持つか持たないかは、権利の有無と論理的に繋がらない。誰が魂を持つか持たないかは、「Xは死後どうなるのか」という問いの答には関係する。対して、誰が権利を有するかという問いは、ある者が死後どうなるかとは無関係である。権利の問いは個が生きているあいだの道徳的地位を問題にする。誰が不滅の魂を持つかは、誰が権利を有するかと論理的に結び付かない点で、誰がブロンドの髪か、誰が歯を欠くか、などの問いと変わらない。

神学的に考えると、動物は死後の生を持たないのだから、私たちはかれらが生きているうちに好きなだけ悲惨な目に遭わせてよい、という教えは倒錯していると思われる。むしろ信頼に足る神学ならば正反対を説くだろう。動物が死後の生を持たないのであれば、私たちはかれらにとって唯一のこの生を、可能なかぎり長く満ち足りたものとするよう手を尽くすべきである。

善人にも時に不幸は訪れる。ヨブがその例である。彼の作物は稔《みの》らず、家族は死に、名声は損なわれる。それでも、ヨブが不滅の魂を持っていれば、いつかそのあらゆる地上での労苦は天国で彼を待つ祝福によって十二分に埋め合わされる。動物が不滅の魂を持たないとしたら、これは決してありえない。動物たちには天の祝福も未来での埋め合わせもない。動物たちにはただこの生があるのみでそれ以上はない。そこで私たちは「かれらが生きているあいだ、動物たちには何でもしたいことをしてよい」というのか。それとも動物の権利を信じる者のように、「私たちはかれらにとって唯一のこの生を、可能なかぎり長く満ち足りたものとするよう手を尽くすべきである」というのか。もし人の信仰するものが嗜虐の神ではなく愛の神であるなら、答はおのずから明らかである。

▼「神は人間だけに権利を与えた」

これは最も広く行き渡った宗教的な人権の根拠である。考え方は至って素朴に思える。人の力は限られているため、私たちは道徳的権利をつくることができない。神の力はかぎりないため、神にはそれができる。さらに、神はそれをなしうるだけでなく、それをするのがよいと考えた。だから私たちは今のような権利を有する。

この考え方は不可知論者や無神論者には支持されないだろう。権利が神の贈り物としか解されないのであれば、神を信じない人々（無神論者）や何を信じればよいか分からない人々（不可知論者）は、一貫性を保って人間の権利を信じることができない。しかしそうした人々の多くは人間の権利を信じ、一部の人々は誰よりも熱心にそれを信じる。とすると、かれらは間違っていて、人は神からそれを与えられないかぎり権利を持ちえない、というべきなのだろうか。これを無神論者や不可知論者が甘んじて受け入れるとは考えにくい。

この考え方に納得できないのは、決して不信心者だけではない。人一倍敬虔《けいけん》な人々でも、よく考えれば批判的になるべき理由がある。この点を説明する上でキリスト教は良い例になる。

一部のキリスト教徒は神が私たちに権利を与えたと明確に信じている。何といっても、アメリカ建国の父たちは、私たちが「創造主によって一定の不可侵の権利を与えられ」たと述べているではないか（ちなみにその父たちの中にはキリスト教徒でない者もいたが）。建国の父たちを信じられないなら誰を信じられるのか。

他の問題に関し何が正解だろうと、この問題に関して建国の父らは参考にならない。彼らが信じる神は驚くような偏見のもとに権利を分配した、という事実は振り返ったほうがよい。彼らの神は女性・奴隷・アメリカ先住民・子供・精神障害者・土地を持たない白人男性に権利を与えなかった。彼らの神は白人男性地主を有利に立たせ、他の全ての人々を不利に立たせるように権利を分配するのがよいと考えた。建国の父たちにとって、神を味方につけるのは何と便利だったことか！　偏見がどのように作用するかを説明してほしいと頼まれたら、これより良い（と同時に悪い）例を探すのは難しい。大人物なら大間違いを犯さない、ということはない。

分別を働かせれば、優れた手がかりは別のところに探し求めるべきだと分かる。この文脈で聖書よりも優れた典拠があるだろうか。聖書を紐解いてみると、次のことを発見できる——いやむしろ、次のことを発見できない。私たちは聖書のどこを読んでも、神が人間に権利を与えたという記述を発見できない。神が（例えば）「われはかくして人に権利を与え、動物には与えずにおく」などと言っている箇所は、いずれの章にも節にもない！　実のところ、多少なりともこれに重なる記述は、聖書の中に何ら見当たらない。

発見できるのは意味的にも道徳的にも異なるものである。聖書の倫理、とりわけ新約聖書にみられるそれは、権利の倫理ではなく愛（アガペー）の倫理である。私たちの存在は神の豊かな愛のたまものであり、私たちが持つべき隣人愛は、私たちに対する神の愛を原型として、無償で与えるものであって、隣人がその資格にもとづき正義の観点から私たちに要求しうるものではない。隣人を愛する私たちの義務は、愛を求める隣人の権利には由来しない。聖書の枠組みにもとづいて「私にはあなたのアガペーを求める権利がある！」と主張するのは、ビル・ゲイツに対して「私にはあなたの金を求める権利がある！」と主張するのと同じくらいの混乱である。聖書の神を私たちの権利の根拠とする人々は、聖書の中に書かれていることを受け入れず、自分があってほしいと思うことを聖書に読み込む誤りを犯している。

▼「でも、少なくとも神は私たちに支配権を与えた」

信仰を持つ人々、特に聖書を真摯に受け入れるキリスト教徒は、大抵の場合、権利が信仰にもとづく倫理の道徳的基本概念ではないと認める。聖書にそうした記述は見当たらない。見当たるのは、しかも至極明確なのは、神が私たちに動物の支配権を与えたという記述であり、これは以下の最も有名なくだりで語られる。

そして神は告げた。「われらに似せ、われらの姿に人をつくろう。そしてかれらに、海の魚、空の鳥、飼い牛、地の全て、地を這《は》う全てのものへの支配権を与えよう」。かくして神はおのが姿に人をつくりなした。神の姿に彼は人をつくりなした。男と女に彼は人をつくりなした。そして神は人を寿《ことほ》ぎ、神は人に告げた。「産めよ、殖えよ、地に満ちよ、そしてそれを従えよ。そして海の魚、空の鳥、地に動く全ての生あるものへの支配権を手にせよ」（欽定訳聖書、創世記一：二六〜二七）。

他の動物たちは私たちが利用するためにつくられた。よって私たちがその自由を制約し、身体を傷害し、生命を奪取して私たちの必要と願望を満たすことは何ら悪くない。これ以上に明瞭なことがあるだろうか。

これは私の聖書解釈とは違う。神から支配権を与えられたということは、必要と願望を満たす奔放な自由を与えられたということではない。むしろそれは被造物の世界で創造主の代理を務める大変な責任を負わされたことを意味する。言い換えれば、私たちが神から命じられたのは、万物をつくりなしていた時の神にも等しい愛と思いやりを、神の被造物に注ぐことである。私の理解では、これこそが「神の姿につくられた」ということの意味をなす。

私としては、創世期冒頭の記述をどう読めば、創世時における神の展望と期待について別の理解に至るのかが分からない（聖書の記述は文字通りに受け入れずとも真剣に受け入れることはできる）。思い出してほしいが、神はアダムとイブを創造した同じ日（六日目）に他の動物を創造した。この創造順序の記述を読むと、人間と他の動物の分かちがたい結び付きは全てに先立って認識されていたように思われる。それだけでなく、この始まりの物語にはさらに深遠かつ深奥な教えを読み取れる。神は私たちが利用するために、つまり娯楽、科学的好奇心、スポーツ、さらには食に供するべく、動物をつくったのではない。その逆に、今日そうした形で搾取される人間以外の動物たちは、ただありのままの存在としてつくられた。そのもの自体として良き神の愛の表われである。その愛はおそらく私たちが永遠に知りえない形で、神の創造行為のうちに表現されている。神の良き被造物らを称え、守り、愛そうと努めるかぎり、私たちは動物の権利を尊重しようと努める者と区別しがたい行動をとるだろう。というわけで、聖書に道徳的権利の記述はみられないが、動物の権利哲学と結び付いた「急進的」で「過激」な立場を、聖書の読解から導き出すことはできる。

「食用でもないの？」と懐疑論者がつぶやくのが聞こえる。「あれはミスプリ？」。私の答はこうである。「いや、ミスプリじゃない。それは聖書の教えだ」。ただし神から食用として与えられた「肉」は動物の肉ではない。以下がそれである。「そして神は告げた。『見よ、われは地にあって種を結ぶあらゆる香り草と、種ある木実《このみ》をならすあらゆる木をそなたらに与えた。これはそなたらにとっての肉である』」（創世記一：二九）。言っていることはこれ以上なく明瞭である。最も完全な状態の被造物世界、エデンの園では、人間は動物を食べなかった。してみれば、神は「初めに」何を望んだかと尋ねられたら、食に関する答は論をまたない。それはビッグマックやチーズオムレツの食事ではなかった。

　したがってキリスト教徒が日々面する問いは単純である。「私は暮らしを改めて、再びエデンをめざすか――この創造のたまものたちとの、より愛に満ちた関係を。それともこのまま、神の望みから遠ざかる生き方を続けるか」。この問いには一つではなくいくつもの答え方がある。そこに異論の余地はない。しかしこの問いに対するキリスト教徒の一つの答え方が、皿に載せる食べものの選択にあることもまた、議論を要さない。

哲学的反論

カール・コーエンの思想はこれまでにも触れ、その種差別擁護は第三章で検証したが、彼は動物の権利を批判する最も声高で有名な哲学者である。したがって彼の批判論を動物の権利に対する哲学的反論の代表格として扱うのは適切だろう。

先に述べておくと、コーエンと私は多数の重要な点で見解を同じくする。権利を妥当な要求とみる点も同じであり、権利を切り札とみるのも同じである。「権利は常に利益を負かす」とコーエンはある箇所で記す。意味するところは明晰である。もし私が生存権を有するなら、あなたは自分の得になりそうだという理由で私を殺す道徳的資格を持たない。私の権利はあなたの利益を負かす。同じことは社会全体にもいえる。すなわち、私の生命は人々の福祉を高めるために奪われてはならない。コーエンは私と同じく、個の権利が社会の利益向上という気高い目標に打ち勝つとみる。

しかし全ての人間が権利を有するのだろうか。そして全ての動物がそれを欠くのだろうか。コーエンはどちらの問いにもイエスと答える。ここでは後者の問いに対する答の支えとして彼が示す議論に絞って指摘を行ないたい。より徹底した批判は本節の注釈で言及する資料に述べられている。

▼コーエンによる第一の反論

コーエンによる第一の反論は、動物の無道徳性を根拠とする。この概念を持ち出すべく、彼は雌ライオンとシマウマの赤子を思い浮かべてほしいと言って、こう記す。

シマウマの赤子が殺されない《権利》を有する、と信じられるだろうか。あるいは雌ライオンが、わが子をやしなうべく当のシマウマの赤子を殺す《権利》を有する、と？　このような自然の貪欲に面したら（それは地球上で形を変えつつ日々何百万回も繰り返されるが）、恐らく読者は、どちらも善ないし悪ではない、シマウマもライオンも相手に対し権利を有さない、と答えたくなるだろう。であれば私はそちらにつく。権利は道徳領域の中核にあり、真剣に受け止めなくてはならない。それはその通りである。が、シマウマやライオンやラットは道徳領域に生きておらず、その生は完全に無道徳である。かれらに道徳性は皆無であり、動物たちは決して道徳的不正を犯さない。動物の世界には不正がなく、権利もない。

ここで論じられていることのうち、動物の権利に関して重要な点は次のように要約できる。

《無道徳－権利》論

一、動物は無道徳の世界（何も善ないし悪にならない世界）に生きている。
二、無道徳の世界に生きている存在は互いに対して権利を持ちえない。
三、ゆえに動物は互いに対して権利を持ちえない。

一部の哲学者（例えばスティーブ・サポンツィス）は、動物が道徳的行為主体になりえないという想定を問う。が、この点に関して私はコーエンの側につく。とりわけ、シマウマの赤子が雌ライオンに殺されない権利を有すること、雌ライオンがシマウマの赤子を殺す権利を有することは、私も否定する。そこまで認めた上で、論理的にどのような結論が出せるか。この問いに対する答において、コーエンと私は袂《たもと》を分かつ。

コーエンの考えでは、右の前提から言えるのは、動物が私たちに対し権利を持ちえない、ということである。言い換えると、動物は無道徳の世界に生き、互いに対して権利を持ちえないので、コーエンによれば、動物は「［私たちによって］侵害されうる権利を」持たない、と結論しなければならない。そこで次のことが言える。

四、もしも動物が互いに対して権利を持ちえないならば、かれらは私たちに対して権利を持ちえない。
五、ゆえに動物は私たちに対して権利を持ちえない。

何かが間違った。原因を理解するために、《無道徳 - 権利》論と同じ論理構造を持つもう一つの議論を考えよう。今度は義務を扱う点だけが違う。

《無道徳 - 義務》論
一、動物は無道徳の世界（何も善ないし悪にならない世界）に生きている。
二、無道徳の世界に生きている存在は互いに対して義務を持ちえない。
三、ゆえに動物は互いに対して義務を持ちえない。
四、もしも動物が互いに対して義務を持ちえないならば、私たちはかれらに対して義務を持ちえない。
五、ゆえに私たちは動物に対して義務を持ちえない。

第四章で間接義務論の批判的検証を通して至った結論から、言明五が偽であることは分かっている。ゆえに論理の問題として、この議論における他の言明の全てが真ではありえないということは分かる。犯人は明らかに言明四である。動物が互いに対して義務を持ちえないということから、私たちがかれらに対して義務を持ちえないという結論は導かれない。
論理的に、人間以外の動物が権利を有する可能性もこれと変わらない。動物が互いに対して権利を持ちえないという事実から、かれらは私たちに対して権利を持ちえないとの結論は出てこない。私はかれらが権利を持ちえ、現に持つと考える。コーエンは持ちえず、現に持たないと考える。どちらが正しいかは論争の余地がある。論争の余地がないのは、動物が互いに対して権利を持ちえないと論じてもこの問題は解消されないという点である。

▼コーエンによる第二の反論

コーエンによる第二の反論は、動物の権利を否定すべく、かれらが正当な部類の存在ではないと論じる。他方、人間（私たちの全て）はそれである。いわく、「人間は人間として権利が随伴する部類に属する」。これが何を意味するかを読み解くとすれば、議論の元にある意図を摑むのがよい。まずこれは、全ての人間が生物学的に同じである、つまり例えば、全ての人間が、そして人間のみが、同じ種に属する、という意味ではありえない。先に説明したように、「全ての人間のみがホモ・サピエンスである」という事実から、私たちの道徳的地位に関する結論は何も導き出せない――まして「人間は人間ゆえに権利が随伴する部類に属する」という結論は。

しかし何らかの普遍にして固有な生物学的特徴ではないのだとすれば、人間の何が、あまねく共有される固有の道徳的地位を基礎づけうるのか。コーエンの答は次の主張に見出される。いわく、「人間は将来・過去・現在以降のいずれかにおいて本質的に道徳的である生を生きる」（強調は引用元より）。人間の生が本質的に道徳的であるというのは、道徳的存在としてこの生を生きられないのであれば、私たちは人間的な生を生きているとはいえない、ということを指す。言い換えると、道徳的存在として世界にあるという事実は、男性ないし女性、学生ないし教師、配管工ないし哲学者として世界にあるという事実と違い、人間的な生の中核をなすため、道徳的な生に求められる能力を持たない者は、人間的な生を生きられない。

この見方は魅力がなくはない。道徳能力を行使すること――道徳的熟考を行ない、みずからの行動に責任を負うことなど――は、人間的な生を送ろうと思えば、なるほど必要に違いない。これを読んでいる読者諸氏が、人生の中で絶えず道徳能力を使っているのも確かである。さらにこれも否定できないこととして、こうした能力を使う潜在性が具わった幼児は、能力が失われる負傷や早すぎる死に見舞われないかぎり、いずれそれらの能力を使うようになる。また、現在は老年ないし昏睡状態の人々も、かつては私たちのそれと同じような生を生きていた。この人々が過去に同じ能力を使っていたことは疑う余地がない。したがって「人間は将来・過去・現在以降のいずれかにおいて本質的に道徳的である生を生きる」と記したコーエンの考えは正しいと考えられよう。

これはコーエンによる議論の公正な解釈と思われる。その裏付けは彼の著作物と、それを書いた彼の精神、そして以下のようにまとめられる思考にある。

《正当な部類》論

一、個は将来・過去・現在以降のいずれかにおいて本質的に道徳的である生を持つ部類の存在である場合、そしてその場合にのみ、権利を有する。
二、人間の全ては、そして人間のみが（少なくとも地球上の存在では）、この部類の存在となる。
三、ゆえに、人間の全ては、そして人間のみが（少なくとも地球上の存在では）、権利を有する。
四、他の動物は人間ではない。
五、ゆえに他の動物は権利を有さない。

議論の内容と構造が分かれば、これがどこでなぜ誤っているかを見抜ける。まず明らかに指摘できるのは第一の前提である――「個は将来・過去・現在以降のいずれかにおいて本質的に道徳的である生を持つ部類の存在である場合、そしてその場合にのみ、権利を有する」。仮に全ての人間が「正当な部類」の存在ゆえに権利を有すると認めたとしても、そこから人間のみが権利を有すると は結論できない。争われている中心的な問いは「動物は権利を有するか」である。道徳性が人間的な生に欠かせないと論じるだけでは、動物の道徳的地位に関し何の問いにも答えたことにならない。人間が将来・過去・現在において、自身の行動に道徳的責任を負うと論じるだけでは、私たちが責任を負う相手の素性について何の問いにも答えたことにならない。すなわち、道徳性が人間にとって本質的で、かつ動物の生にとってそうではなく、また、全ての人間がこの本質的な存在特徴ゆえに権利を有するのだとしても、ゆえに人間のみが権利を有するという結論は導き出せない。

▼コーエンによる第三の反論

コーエンは動物の権利に対しもう一つの反対論を持ち合わせる。人間以外の動物の無道徳性という条件に依拠する《無道徳・権利》論、および人間の本質的特徴に依拠する《正当な部類》論と違い、この議論は権利がどこでいかに生じるかを問題にする。コーエンいわく、「権利は例外なく人間的であり、人間の領域で生じ、人間全体に適用される」（強調は引用元より）。他の動物はあいにく、広義もしくは比喩的な意味を除いて「［この］共同体の成員」ではなく、ゆえに権利を欠く。好きなだけ感動的な能力や特技の一覧（人間以外の霊長類がみせる意思疎通の技、猫の賢さ、カケスの利口さ）を挙げ、その動物たちをあらゆる認知能力・意志能力の欠けた人間と比べればよい――それは無意味である。人間は権利を有し、他の動物は有さない。コーエンはある論文で述べる。

動物が注目すべき能力を持っている、実のところ自己や未来を意識する、計画を立てる、等々の事実はどうでもよい。また、幼児は明らかに道徳的要求を発することができないので何の権利も有さない、あるいはラットも権利を有する、などの聞き飽きた反論も永遠に脇へ置くべきである。こうした反論は権利概念そのものの誤解に由来する。これらは権利が何らかの識別可能な個々の能力や感覚と結び付いているという誤った想定を置いており、権利が道徳的存在の共同体でのみ生じること、ゆえに権利が通用する領域としない領域があることを認識し損なっている。

この記述は幾分、明瞭さを欠くが、私の解釈するところ、コーエンが権利所有のための決定的基準に据えるのは、ある者が権利を理解しているか、権利を要求できるか、等々ではない。基準は、ある者が権利を生じさせる共同体の成員か否か、である。少なくとも地球上にかぎれば、権利が生じる唯一の共同体は人間からなるそれであるため、人間であることは権利所有の必要十分条件である。そこで次のことが言える。

《共同体》論

一、権利概念が生じる共同体の成員である者の全ては、そしてそうした者のみが、権利を有する。
二、地球上では、権利概念は人間共同体にのみ生じる。
三、ゆえに地球上では、人間の全てが、そして人間のみが、権利を有する。
四、動物は人間共同体の成員ではない。
五、もしも動物が人間共同体の成員でないならば、かれらは権利を有さない。
六、ゆえに動物は権利を有さない。

この議論はいささかの批判的吟味にも耐えない。概念的に、（一）概念の起源と（二）概念の射程は区別される。前者は（コーエンの言葉を使うなら）概念がいかにして生じるかに関わる。後者は概念が明瞭に適用されうる対象物ないし対象者の範囲に関わる。認識されるべき重要な点は、両者が論理的に異なることである。概念の射程は概念の起源がどうであるかとは別個に決めなければならない。

例を示すと、私たちが知るかぎり、「中枢神経系」や「遺伝子」といった概念は人間のあいだでのみ生じる。なぜならそうした概念の形成に必要な認知能力を具えるのは、人間だけだからである。しかしこれらの概念が適用される存在の範囲は、必ずしも概念が生じた共同体の全成員だけにかぎらない。事実、これらの概念の射程は全ての人間のみに限られないどころではない。概念が現に適用される人間以外の動物、すなわち遺伝子と中枢神経系を具える人間以外の動物は、文字通り何億もいる。

概念的に考えると、権利に関する議論もこれと変わらない。私たちが知るかぎり、権利という概念は人間のあいだでのみ生じる。なぜならこの概念を形成できる共同体に属し、概念形成に必要な認知能力を具えるのは、人間だけだからである。しかしこの概念が適用される存在の範囲は、必ずしも同概念が生じた共同体の成員だけにかぎらない。その論理を突き詰めるなら、狼は遺伝子を持たない、犬は中枢神経系を持たない、なぜならこの動物たちはこれらの概念が生じる共同体に属さないからだ、ということも可能になるだろう。よって、《共同体》論は動物が権利を有さないことの証明にはならない。

というわけで、全てを公平に考えると、コーエンの反論はいずれも欠陥を抱える。彼の思想は精巧で影響力もあるが、その議論は動物の権利肯定に対する決定的論駁《ろんばく》とはなっていない。

結論

動物の権利に対する反論は多い——多すぎて一人の人間が一度に扱うことはできない。本章で考えたものは決して特に甘いものや影響力の小さいものではない。むしろこれは膨大な一般的・宗教的・哲学的反論の中にみられる特に良い議論の代表格である。が、私見ではいずれも本章で述べた理由により、論駁に失敗している。道徳理論の中心的教義が正当な批判に耐えるのに比例して、理論の十全性に対する信頼が高まるのだとすれば、本章で展開した答弁は権利論への信頼を高めることに資するだろう。

第九章

道徳理論と課題

人間による動物の扱いが世界の悪を増やすかどうかは、動物たちの扱われ方だけでなく、その道徳的地位によっても変わる。当然ながら権利論の見方にしたがえば、世界には一般に認知されているよりも遥かに多大な悪が存在する。第一に、最も明白なこととして、文字通り何十億もの動物たちが被っている日々の通常の扱いに関わる悪がある。食用産業・衣服産業・研究産業の代表例は第二章で概観した。先に述べたように、これらの組織的虐待のさらなる詳細は序論の末尾で触れた資料に収められている。もしこれまで論じてきた通り、この動物たちが尊重をもって扱われる権利を有するのだとしたら、かれらが日々被る大規模な身体の侵襲、基本的自由の否定、そして生命そのものの破壊は巨悪となり、その規模は天文単位の光年よろしく、全くもって理解不能の域に至る。

しかしこれが全てではない。悪の規模は、動物の権利侵害と、その侵害による動物たちの独立した価値に対する道徳的に不正な攻撃と、動物たちが被る計り知れない苦痛ならびに剝奪の合計よりも、さらに遥かに大きい。選好功利主義の一つの弱点は、道徳的善悪に関し十全な知識にもとづく判断を下そうとする過程で、悪の選好を考慮しなければならないことにあった。これは道徳枠組みが信頼を得るために避けなければならない弱点であり、権利論は避けることができる。第六章の終わり近くで述べたように、権利論によれば、悪の選好とは、それを行動に移した時、他者の権利侵害もしくはその承認・許容に繋がる選好を指す。

したがって権利論の観点からすると、世界における悪の規模は、権利を侵された動物たちになされる悪だけでなく、その悪をなすことで満たされる膨大な人間の選好をも含む。こうした選好のもとに行動する人々の大部分（例えば毛皮業界で働く人々やKFCに通い詰める人々）は、自分を動かす選好が悪であるとは認識していない――むしろ一部の者はこれほど真実から懸け離れた話もないと頑《かたくな》に言い張るだろう――が、それは何の関係もない。私たちを動かす選好が悪か否かは、私たちがどれだけ熱心にその悪さを否定するかに左右されない。その道徳的位置づけは、当の選好にしたがって行動することで、私たちがある者の権利侵害に関与ないし加担するかで決まる。

悪の選好にしたがって行動するこの人々は悪人か。全く違う。悪に関する議論で述べたように、人が悪となるのは（少なくともこれが私たちの言わんとすることの最も明瞭な例であるが）、当人の性格によって習慣的に他者の権利を侵害し、なおかつそこに残酷性が伴っている場合、すなわちくだんの侵害が生む他者の苦や喪失に喜びを見出すか、無関心でいる場合である。動物の権利侵害から利益を得る者の一部はこの記述に該当しうるが、大部分の人々は、日常生活の一環でくだんの悪を後援ないし容認する者も含め、そうではない。私が信じるところでは、ほとんどの場合、食の好みにしたがって食肉産業を後援する人々は、悪人ではない。そして同じことは購買行為によって他の動物虐待産業を後援する人々の大部分にもいえる。かれらも悪人ではない。

他の面では普通の人々がこうした形で悪の選好のもとに行動している、と語れば、ある人々は腹を立て、他の人々は嘲笑を向けるだろう。しかしまた、さらに別の人々は、私たちの生き方が持つ道徳的意味について、認識を広げるかもしれない。それは（突き詰めれば）私たちにとって最も日常的な選択、自分の口に入れるもの、身にまとうものの道徳的意味をも含む。私たちは不完全な生きもので、不完全な世界に暮らしているので、誰一人として、自分を取り巻く悪への関わりを完全に断ち切ることはできない。動物の権利を認めれば、これまでに想像していたよりも遥かに多くの悪が姿を現わすが、だからといって、世界にはびこる悪の規模と、各人の生活に見出される膨大なそれを否定してよいことにはならない。むしろ私たちが共有する道徳的使命は、その二つの悪を縮小するための方法を、良心にもとづいて模索することである。

不整合の甘受

私たちの多くは心から動物を思いやっているにもかかわらず、結果も動機も悪である行ないを後援している。どうすればこのようなことが起こるのか。これは人一倍熱心な動物の権利擁護派でも答に詰まる問いである。もちろん私もおいそれと簡単な答を示すことはできない。事実、人間の態度や行動を研究する社会学者らは、動物の権利がまだ人々に浸透していない概念だと示唆する。

様々な人間集団を調べた研究で、アーノルド・アールークとクリントン・R・サンダースは人間動物関係を特徴づける数々の「葛藤」と「矛盾」に光を当てる。これらの葛藤と矛盾は人々を悩ませるか。滅多にそうしたことはない、と著者らはいう。アールークとサンダースいわく、「不整合は修正を要する問題として鮮明に意識されることもあるが、ほとんどの場合、ほとんどの人々は日常生活の自然で普通な一面として矛盾を抱えたまま難なく生きられる」。さらに、矛盾をはらむ生活は「一般人にとって悩みの種ではない。常識は一貫性に縛られないからである」。というわけで、大半の人間にとって、動物を愛しながら食べ、尊《とうと》びながら身にまとうことは、気に病む問題ではないという。

が、歴史は人間がより頑健であることを示している。もしも本当に私たちのほとんどが、ほとんどの場合、矛盾を抱えた生活に悩まされないのであれば、奴隷制は今も続き、女性は今も投票権を求めて闘っているだろう。ある人々は、ある場合に、ある矛盾やある不整合を抱えて生きていけるかもしれないが、ある一線を越えると日々の生き方が変わるということはある。私は自分の人生でそれを越えた時のことを、はっきり覚えている。ガンディーを紐解いたことで、私は自分が、人間に対する不必要な暴力と、動物に対する不必要な暴力をめぐって、一貫性のない信念と態度を抱いていると自覚した。そして友であった犬の死に面し、私は自分が一部の動物（特に犬と猫）を一つの感情的カテゴリーに置き、他の動物（例えば豚や子牛）を別のカテゴリーに置いていると気付いた――しかもその時ですら、個々の能力でみればこの動物たちに有意味な違いがないことは分かっていたのである。私はこうした矛盾を抱えたまま「難なく生き」ていられたか。そうは思わない。何らかの形で私は変わる必要があった。

みずからの生活に活きる筋の通った価値体系を築きたい、と考えた点で、私は自分が独特な人間だとは思わない。何も考えずに道徳生活を送れるほど文化に染まった人間はいない。目下、動物たちをめぐる信念と態度の矛盾に心から悩む人々がごく少数なのだとすれば、それは自分の信念と態度がどこでなぜ矛盾しているかを分かっている人々がごく少数しかいないからだと思われる。とりわけ、動物たちの身に何が起こっているかを知っている人々はごく少数であり、動物たちの道徳的地位について一歩立ち止まり慎重に考えたことのある人々もごく少数に違いない。事実にせよ価値にせよ、目に見えないものを見据えて理解するには、まずそれを見えるようにしなければならない。矛盾と誠実に向き合うには、まずその矛盾を誠実に認める必要がある。本書の主たる目的の一つは、道徳理論を使って、いくつかの事柄をより見えやすくすることにあった。

変革

既に述べた理由により、権利論は冒頭で述べたような「急進的」かつ「過激」な立場を支持する。

権利論は食肉産業や毛皮産業をはじめ、動物の権利を組織的に侵害する諸産業の廃絶を求める。この規模の変革をもたらすことは、徹底した志であるが、一人の人間が担えるものではない。このような変革（社会変革）は、批判的な人々の集団が確固たる決意にもとづく運動に携わり、長きにわたって協調的・独創的な努力を続けることで、初めて成し遂げられる。社会変革については後にもう一度立ち返ろう。

権利論は各人の能力範囲に収まる変革も求める。特にこの理論は、世界を善くすべく、主要な動物搾取産業の直接的な後援をやめるよう、各人に努力を求める。すなわち、私たちは動物の肉を食べることの放棄、毛皮や革を着ることの放棄、および他の者による別形態の動物搾取（例えば研究での道具的動物利用）の阻止に努めなければならない。それをどう行なうかは各人の問いであって、道徳理論に答はない。それをすべきかどうかが、道徳的な問いとして問われたならば、道徳理論には答がある。

動物の権利を尊重する生活努力へのいざないは、充分な現実主義と混ぜ合わされる必要がある。この世界に住んでいるかぎり、私たちは悪に巻き込まれるはずで、その中には動物に危害をおよぼすものもある。例えば綿の衣服を考えてみればよい。そこに動物の毛皮や皮膚は使われていない。しかし綿は世界で最も化学物質を投入される作物に数えられる。除草剤、線虫駆除剤、殺菌剤。あらゆる化学的な殺しの薬剤が綿に投じられる。雨が降り、殺しの薬剤が近くの河川に流れ出せば（それは必ず起こるが）、魚や他の動物は殺される。それ以前に、機械式の耕耘機《こううん》が栽培のために土地をならせば、多数の陸生動物が殺される。ということは？　綿製品を買うごとに私たちは動物の血で汚れた衣服を家に持ち込むこととなる。

同じことは生活の他の部分にもいえる。菜食主義者《ベジタリアン》と脱搾取派《ビーガン》は動物の肉を食べないので、その食事のために動物が意図的・計画的に殺されることはない。しかしアボカドからズッキーニに至る種々の作物を育てるべく、畑が拓《ひら》かれ耕されれば、数えきれない動物たちが殺される。さらに、私たちはみな家や共同住宅に住み、道路を使ってあちらこちらへ行くが、その土地はもともと動物たちが住んでいたところであり、かれらはいまやそこを追われ、数えきれないほど多くの動物たちは開発の過程で負傷や殺害に見舞われている。私たちは最期の息を引き取るまで、動物たちを苦しめる悪に巻き込まれることを免れない。動物たちは私たちの行ないに関係なく害され、時に私たちの行ないが原因で害される。だとすると、肉食や毛皮の着用で悩むことに何の意味があるのか。

私たちが等しく置かれた状況を、私はこのように描く。大きな入り組んだ蜘蛛の網を思い描いてほしい。網には中心があり、外枠がある。この網が世界の悪を象徴しているとしよう。最大の悪は網の中心、最小の悪は外枠である。

主要な動物利用産業（例えば畜産業）が動物たちにおよぼす悪はどこに位置するか。答える前に踏まえるべきことがある。文字通り数百億を数える動物集団は、年年歳歳、意図的・計画的・組織的に傷害される。何百万という動物たちの自由は、毎日毎分、意図的・計画的・組織的に否定される。何百万という動物たちの生命は、毎日毎時、意図的・計画的・組織的に簒奪される。私のように動物の権利を支持する人間は、動物たちに行なわれていることが網の中心もしくはその近くであると確信する。私たちの見方ではそれほどの悪である。

では、例えば綿産業が動物たちにおよぼす悪はどこに位置するか。同じ区間ではない。綿産業による動物たちへの危害は、意図的でも計画的でも組織的でもない。アボカドからズッキーニに至る種々の作物の栽培による危害も同様である。権利論の観点からみればここには違いがある。私たちの最初の義務は、主要な動物利用産業の直接的後援から手を引くべく、その商品の購入を避けることである。他の産業がつくった他の商品を購入しても、この義務に背くことにはならない。ただしそこでも、動物への意識を広げるならば、多くで間に合わせるよりも少ないもので間に合わせるほうが善いということにはなるだろう。うまく言い表わされた真理だが、私たちは他者の生という素朴なものを守るために、素朴な生というものを心がけなければならない。

希望の根拠

証拠が示すところでは、以前に増して多くの人々は、本書で述べてきた不整合を受け止め、自身の生活を変え始めている。少なくとも一部の領域では、批判的集団が形成途上にあり、社会変革が起こりつつある。毛皮産業を例にとってみよう。つい近年の一九八〇年代中期には、アメリカで一七〇〇万匹の動物が毛皮目的で捕らえられていた。一九九〇年代初頭にはその数がおよそ一〇〇〇万匹に減り、今日では四五〇万匹となった。

同じ期間にケージ飼いのミンク「牧場」は一〇〇〇軒から三〇〇軒余りに減った。一九八八年には現役の罠猟師が三三万人を数えたが、一九九四年には半分以下となり、今日ではおよそ三分の一となっている。アリゾナ、カリフォルニア、コロラド、フロリダ、マサチューセッツ、ニュージャージー、ロードアイランドの諸州は、トラバサミの使用を禁じた点で、オーストリアからジンバブエに至る八九カ国の仲間入りを果たした。世界に目を向けると、オーストリア、イングランド、スコットランド、ウェールズは、毛皮を唯一ないし主たる目的としてミンクその他の動物を飼育してはならないとする法案を可決し、デンマークとノルウェーは毛皮工場が「倫理的に許容できない」との宣言を発表した。アメリカの下院では、政府の土地でのトラバサミ使用を禁じる法案に二大政党出身の八九名による賛同が集まった。あらゆる指標が毛皮産業の着実な衰えを示している。かつてファッション界で何事もなく受け入れられていた毛皮は、ますます「アウト」になりつつある。

アメリカ人の食肉消費も全体的に落ち込みつつある。一九四五年には一四〇〇万頭の肉用子牛が屠殺されていたが、今日ではその数が八〇万頭に減っている。家禽と魚類を除けば、一人当たりの総合的な食肉消費量は下降の一途を辿っている。同じ期間に一人当たりの卵と乳製品の消費量も減った。もちろん、人々が肉や肉製品の消費をやめる、ないし減らす理由は、動物の権利の尊重ではないこともある。例えば健康や環境に関わる真っ当な懸念も、食生活を変える動機になる。しかしいずれにせよ、動物中心の食事から野菜・豆類・穀類・ナッツ類に富む食事への移行が全国的な趨勢《すうせい》となっていることは間違いない。

研究・試験・教育での動物モデル利用も同様の変化を迎えているだろうか。厳密な数字が手に入りにくいので、確かなことは誰にも言えない。分かっているのは、研究業界で動物に代わる研究方法を探ろうという意欲が高まっていること、代替法の発見が勢いづいていること、それを期待する人々が着実に増えていることである。世界各国の政府に先んじて、欧州連合（ＥＵ）は二〇〇三年、加盟各国で六年以内に動物を使った化粧品試験（ＬＤ50も含む）を禁じる法案を可決した。しかも同法は動物実験を経た化粧品のＥＵ内での販売をも禁じる。無論、この大胆な取り組みも全ての動物モデル研究を喰い止めはしない。しかしこれらは正しい方角をめざす有意義な歩みであり、同様の法律がアメリカでも敷かれる日を予告している。アメリカの人々は心の準備ができているように思われる。ＡＰ通信と『ロサンゼルス・タイムズ』が行なった新しい世論調査によると、七二パーセントの回答者は研究での動物利用が時に悪であると述べ、二九パーセントは常に悪だと述べた。

動物の権利という概念に対するアメリカ人の態度も変容を迎えている。かつては嘲笑と皮肉の的だった動物の権利であるが、現在は正当な道徳規範として受け入れられつつある。右の世論調査によると、アメリカの成人の実に三分の二は、「苦しみのない生を送る動物の権利は人間のそれと同程度に重要である」と認める。

では、毛皮のコートが鯨骨のコルセットに続いてファッションの遺物と化し、屠殺場が歴史書の中にのみ跡を留め、世界中のあらゆる科学研究所が入口に「動物持ち込み禁止」の札を掲げる日が来ると夢見るのは、まるで望めない非現実的な空想なのだろうか。人間の道徳的可能性について悲観的な見方をする人々は、そうだと答えるだろう。そしてそれは正しいかもしれない。が、正義と憐憫へ向かう人間の力、孤立した個人らではなく広い人類に行き渡るそれを信じる者は、否と答えるだろう。この目の黒いうちではないかもしれないが、いつか必ず、廃絶へ向けた社会規模の倫理的旅程は終わりを迎えると、私は確信する。右で示した種々の証拠から窺い知れる通り、様々な形でこの長旅は既に始まっている。

社会変革とは別に、私たちが面する個人的課題も多く、そこには動物の権利のみならず、私たちの道徳生活に関わる他の重要な領域の問題も含まれる。人々は世界における自身のあり方を、いかにして、いかなる理由で変えるのか。私はこの問いに対し、自分が到底十全な答らしきものを示せないことは重々承知している。しかし一つ、分かっていることがある。ある人々が生き方を変えた一因は、道徳哲学を通した学びにある。私がこれを確認するには鏡を見るだけでよい。過去に道徳哲学を学んでいなかったら、私は今日のような動物の権利擁護派にはなっていなかったに違いない。そこで、最後に希望を述べて筆を擱《お》きたい——この小さな入門書によって、いかにささやかであれ動機を得た人々が、動物の権利を生活の一環としてくれたら、と。そのような形で、社会変革の種は時おり、一度に一人ずつ、人々の心に根を下ろす。

原注

出典の順序は各章の見出しにしたがう。

第一章　無関心から擁護へ

初めの一歩

私は自分の人生を変えたガンディーの自伝に触れるが、これは全ての人に読んでほしい。*An Autobiography: The Story of My Experiments with Truth*（Boston: Beacon Press, 1957）.

菜食主義に関する初期の拙論として“The Moral Basis of Vegetarianism,” *The Canadian Journal of Philosophy* 5, no. 2（October 1975）: 181-214 がある。*All Thal Dwell Therein: Essays on Animal Rights and Environmental Ethics*（Berkeley: University of California Press, 1982）, 1-39 に再掲。

さらなる一貫性

トルストイは「初めの一歩」（The First Step）をハワード・ウィリアムズの *The Ethics of Diet* ロシア語版

（一八九二年刊行）の緒言として発表した。「初めの一歩」からの抜粋は Kerry S. Walters and Lisa Portness, eds., *Ethical Vegetarianism: From Pythagoras to Peter Singer*（Albany: State University of New York Press, 1999）, 97-105 にも収録されている。

「動物を使う研究の大幅削減」を唱えた拙論 "Animal Experimentation: First Thoughts," は *All Thal Dwell Therein*, 65-74 にも収録。この論文や本節で扱っている諸問題の詳しい検討は拙著 *The Case for Animal Rights*（Berkeley: University of California Press, 1983）で行なっている。

先を見据えて

トマス・テイラーの *A Vindication of the Rights of Brutes* 初版は一七九二年に刊行された。現在はファクシミリ版が入手可能（Gainesville, Fla.: Scholars' Facsimiles & Reprints, 1966）。

リカビー神父の見解は Tom Regan and Peter Singer, eds., *Animal Rights and Human Obligations*（Engiewood Cliffs, N.J.: Prentice Hall, 1976）, 180-81 に要約されている。

第二章　動物搾取

主要な動物産業がどのように動物たちを搾取しているかは拙著 *Empty Cages: Facing the Challenge of Animal Rights*（New York: Rowman & Littlefield, 2004）で詳しく論じている。さらなる情報は www.tomregan-animalrights.com を参照〔現在は閉鎖〕。

食品にされる動物たち

八〇万頭が食用の乳飲み子牛になるとの試算はアメリカ食肉協会（meatami.com/）より。他の試算はアメリカ農務省（www.usda.gov/nass/pubs/ histdata.htm）より。

ピーター・シンガーは『動物の解放』を改訂・加筆した。*Animal Liberation, 2nd ed.*（New York: New York Review of Books, 1990）.『ストール・ストリート・ジャーナル』への言及は同書第三章「工場畜産を打倒せよ」にある。

集約飼養システムへの不適応を示す動物たちの反復動作や他の行動徴候は初め、イギリスで政府に指名された独立の委員会によって記録された。指揮を務めたのは動物学教授F・W・ロジャーズ・ブランベルである。*Report of the Technical Committee to Enquire into the Welfare of Animals Kept under Intensive Livestock Husbandry Systems*（London: Her Majesty's Stationary Office, 1965）を参照。後続する研究 *Animal Welfare in Poultry, Pig and Veal Calf Production*（London: Her Majesty's Stationary Office, 1981）は、庶民院の農業委員会が提出したもので、集約的な飼養法を手厳しく批判したが、同じ手法は現在のアメリカ畜産ビジネスでいまだ主流の位置を占める。動物福祉の科学研究をまとめた簡単な概略としてはJoy A. Mench, "Thirty years after Brambell: Whither Animal Welfare Science," *Journal of Applied Animal Welfare Science* 1, no. 2: 91-102がある。同時期の状況を記したより詳しい説明はRichard Ryder, *The Political Animal: The Conquest of Speciesism*（Jefferson, N.C.: McFarland and Company, 1998）、特にその第三章"The Science of Animal Welfare"を参照されたい。ライダーは《種差別》という語を考案した。

▼工場式畜産

工場式畜産の全体的概略としてはMichael W. Fox, Farm Animals: Husbandry, Behavior, and Veterinary Practice（Baltimore: University Park Press, 1984）およびJim Mason and Peter Singer, Animal Factories（New York: Crown, 1980）がある。

衣服にされる動物たち

ベジタリアン食とビーガン食に関する農務省の立場は *Dietary Guidelines for Americans*（Washington, D.C.: Government Printing Office, 1995）第四版を参照。同資料は www.nalusda.gov/fnic/dga/dga95/ cover.html でも入手可。

▼毛皮工場の毛皮

毛皮生産の統計は Fur Industry of America より。また、www.fur.org/furfarm.html でも確認できる。

▼罠猟

罠猟師人口の試算はメリット・クリフトンに負う。クリフトンの数字は二つの州別人口調査にもとづくもので、一つは動物福祉協会、一つは全米人道協会の実施による。

デズモンド・モリスの引用は Mark Glover, "Eye of the Beholder," *The Animals' Voice Magazine* 5, no. 4 (1992): 33 より。モリスは *The Animal Contract: An Impassioned and Rational Guide to Sharing the Planet and Saving Our Common World*（New York: Warner, 1900）: 116-18 でも罠猟に触れる。これらの資料を教えてくれたローラ・モレッティに謝意を表する。

毛皮に関するフレンズ・オブ・アニマルズの資料は Friends of Animals, 777 Post Road, Darien, CT 06820 からの取り寄せ、または www.friendsofanimals.org で入手可。

道具にされる動物たち

責任ある医療のための医師会、動物の権利を求める獣医師会、医学研究現代化委員会は、研究での動物利用に反対する医療専門家集団に数えられる。

ＦＤＡ承認薬の毒性に関する統計はU.S. General Accounting Office, *Report to the Chairman, Subcommittee on Human Resources and Intergovernmental Relations, Committee on Government Operations, House of Representatives, FDA Drug Review, Postapproval Risk, 1976-1985*（Washington, D.C.: U.S. Government Printing Office, 1990）を参照。

報告される薬物有害反応が一パーセントという試算はD. A. Kessler, "Introducing MedWatch: A New Approach to Reporting Medication and Adverse Effects and Product Problems," *Journal of the American Medical Association* 269（1993）: 2765-68より。

直接医療費の実に六〇パーセントがタバコ関係という試算は、医学博士ロバート・シュビンスキーによる包括的経済分析より（unr.edu/homepage/shubink/smokost1.html#cost2で閲覧可）。

動物研究の便益と弊害が、それぞれいかに過大評価・過小評価されているかは、Hugh LaFollette and Niall Shanks, *Brule Science: Dilemmas of Animal Experimentation*（New York: Rowman & Littlefield, 1996）を参照。また、C. Ray Greek, MD and Jean Swingle Greek, DVM, *Sacred Cows and Golden Geese: The Human Costs of Experiments on Animals*（New York: Continuum, 2000）および*Specious Science: How Genetics and Evolution Reveal Why Medical Research on Animals Harms Humans*（New York: Continuum, 2002）も参照。

▶ＬＤ50

環境その他の要因によってＬＤ50の結果が変化することについては、古典的な議論としてR. Loosli, "Duplicate Testing and Reproducibility." in Regamay, Hennesen, Ikic, and Ungar, *International Symposium on Laboratory Medicine*（Basel: S. Krarger, 1967）を参照。

ライダーの言葉は*Victims of Science: The Use of Animals in Research*（London: Davis-Poyter, 1975）, 36より。

第三章　権利の性質と重要性

哲学者が違えば権利の解釈も違う。私は権利を妥当な要求と理解する。これが意味するところは第六章で説明する。私見では、この筋に則る権利解釈を最も説得力ある形で擁護しているのはジョエル・ファインバーグの著作であり、一例としてその古典的論文 "The Nature and Value of Rights." *The Journal of Value Inquiry* 4 (Winter 1970): 243–57 が挙げられる。

人間の権利に関する秀逸なオンライン上の図書目録として、"A Bibliography of Readings on Rights," compiled by William A. Edmundson at law.gsu.edu/ wedmundson/Syllabi/rightbib.htm; "Hippias: Limited Area Search of Philosophy on the Internet" at hippias.evansville.edu/search.cgi?human + rights: "A Bibliographical Survey of Philosophical Literature on Human Rights" at ethics.acusd.edu/theories/rights/ の三つが挙げられる。

道徳的完全性——立入禁止

消極的道徳権が見えざる立入禁止標識に譬えられるという考えはロバート・ノージックに負う。Robert Nozick, *Anarchy, State, and Utopia*（New York: Basic Books, 1974）を参照。

道徳的重要性——切り札

権利が持つ切り札の役割については Ronald Dworkin. *Taking Rights Seriously*（London: Duckworth, 1977) を参照した。

動物の権利？

動物が権利を有するとしたらなぜ動物実験が悪になるのか、という点に関するカール・コーエンの主張は "Do

Animals Have Rights?" *Ethics and Behavior* 7, no. 2 (1997): 92より。コーエンによる動物の権利反対論は第八章で扱う。

第四章　間接義務論

食肉消費と医療試験での動物利用に対する人々の態度についての世論調査結果は、無作為抽出されたアメリカの成人一〇〇四名を対象にAP通信が行なった一九九五年一二月二日の電話調査より。毛皮着用に関する数字は、一六一二名の成人を対象に『ロサンゼルス・タイムズ』が行なった一九九三年一二月二七日の全国調査より。アメリカの菜食主義者人口については時に誇張された主張が聞かれる。二〇〇〇年にベジタリアン・リソース・グループの委託でゾグビー世論調査が行なわれ、回答者（一八歳以上の男女九六八名）は電話のインタビューを受けた。結果は、一八歳以上のアメリカ人約一億九三〇〇万人中、およそ二・五パーセントに当たる四八〇万人が「赤肉・家禽肉・魚肉を決して食べない」と答えた（施設収容者を除く）。

ゾグビー世論調査の結果はww.vgr.orgで閲覧可。他の調査に関する議論はHarold Herzog, Andrew Rowan, and Daniel Kossow, "Social Attitudes and Animals," The State of Animals, 2001を参照（files.hsus.org/web-files/PDF/MARK_State_of_Animals_Ch_03.pdfを参照）。

デカルト主義の昔と今

デカルトの動物観はTom Regan and Peter Singer, eds., *Animal Rights and Human Obligations*, 13-20に収録された著作からの抜粋によって知ることができる。

ニコラス・フォンテーヌの引用はLenora Rosenfield, *From Beast-Machine to Man-Machine* (New York: Columbia, 1968), 54より。

ピーター・カラザースの見解は *The Animals Issue: Moral Theory in Practice*（Cambridge: Cambridge University Press, 1992）、特に第八章を参照。カラザースは地球外生命体が自然言語を用いずとも意識を持ちうる可能性を認める。しかし地球上生命については、そうした言語を使う能力が意識経験の必要条件とされる。もう一人の新デカルト主義者ピーター・ハリソンは、動物が痛みを感じない理由について、"Theodicy and Animal Pain," *Philosophy* 64（January 1989）: 79-92 で全く異なる議論を示す。カラザースとハリソンの見解は、Evelyn Pluhar, *Beyond Prejudice: The Moral Significance of Human and Nonhuman Animals*（Durham: Duke University Press, 1995）の第1章で批判的に検証されている。同書は優れた資料一覧も含む。

科学と動物の心

デカルトに対するヴォルテールの反論は *Animal Rights and Human Obligations*, 20 に収録。

ダーウィンの見解は *Animal Rights and Human Obligations*, 27-31 に要約されている。本アンソロジーには動物の心に関する他の重要資料も収められている。ダーウィンのアプローチと結論を現代の目で更新・擁護した著作として Colin Allen and Marc Bekoff, *Species of Mind: The Philosophy and Biology of Cognitive Ethology*（Cambridge: MIT Press, 1997）を参照されたい（優れた資料一覧も収録）。

鳥類の認知研究は Monica Amarelo, "'Bird Brains' Take Heart: Our Feathered Friends Are No Slouch at Cognition." *American Association for the Advancement of Science*, February 14, 2002 にまとめられている（www.eurekalert.org/pub_releases/2002-02/aaft-bt020602.php で閲覧可）。

カケスの認知に関する情報源としては Susan Milius, "Birds with a Criminal Past Hide Food Well," *Science News Online*, November 6, 2002 を参照（www.phschool.com/science/science_news/articles/bird_criminal _past.html で閲覧可）。

Thelma Lee Gross, DVM, DACVP, "Scientific and Moral Consideration for Live Animal Practice," *Journal of the American Veterinary Medical Association* 222, No. 3（February 1, 2003）, 285–88.

魚類の認知に関する概略はRedouan Bishary, Wolfgang Wickler, and Hans Fricke, "Fish Cognition: A Primate's Eye View," *Animal Cognition* 5（2002）, 1-13より。著者らはこの知見を「純粋に実用的なもの」と位置づける。

単純な契約論

ここで描いた単純な形態の契約論はジャン・ナーヴソンの初期著作から着想を得ている。Jan Narveson, "Animal Rights," *Canadian Journal of Philosophy* 2（March 1977）: 161-78および"Animal Rights Revisited," in H. Miller and W. Williams, eds., *Ethics and Animals*（Clifton, N.J.: Humana Press, 1983）, 56-58を参照。

ロールズ流の契約論

ジョン・ロールズの『正義論』（*A Theory of Justice*）初版は一九七一年、Harvard University Pressから刊行された。彼の立場は狭くも広くも解釈できる。狭く解釈すれば、ロールズが論じていることは正義の領域だけに関わる。広く解釈すれば、彼が論じていることは正義の領域だけに限らず、道徳的な善悪一般を論じたものと読める。私は後者の解釈をとるが、本章で示した批判は適切に修正すれば狭い解釈に対しても同等に適用されうると考える。ロールズによる原初状態の記述は『正義論』一三〇頁、「正義の感覚」の説明は五〇五頁、いかなる原則を採用しようとその対象となるのは「それを理解し、それにもとづいて行動」できる者に限られる、との条件は一三七頁、彼が好む手続きを「あらゆる倫理原則の選択」に拡張する議論は一三〇頁にある。

『正義論』を受けて多数の著作が書かれた。関連する重要な議論としてMark Rowlands, "Contractarianism and Animals." *Journal of Applied Philosophy* 14, no. 3（1997）: 235-47; Mark H. Bernstein, *On Moral Considerability: An Essay on Who Matters Morally*（Oxford: Oxford University Press, 1998）, 151-58およびPeter

Carruthers, *The Animals Issue*, 101-3がある。

▼ロールズ流の契約論の評価

イギリス庶民院特別委員会でのアイザック・パーカーによる証言はRoger Antsey, *The Atlantic Slav Trade and British Abolition: 1760-1810*（Atlantic Highlands, N.J.: Humanities Press, 1975）に引用されている。

種差別

カール・コーエンは私との共著 *The Animal Rights Debate*（New York: Rowman & Littlefield, 2002), 59-65で種差別を擁護している。

第五章　直接義務論

残酷・親切論

カントの引用はRegan and Singer, *Animal Rights and Human Obligations*, 24より。

ロックの引用はJames Axtfell, ed., *The Educational Writings of John Locke*（Cambridge: Cambridge University Press, 1968). 225-26より。

社会科学者らは、有罪となった暴力的犯罪者の幼少期に動物虐待のパターンがみられることを示してきた。例えばStephen R. Keller and Alan R. Felthouse, "Childhood Cruelty toward Animals among Criminals and Non Criminals," *Human Relations* 38（1985): 1113–29を参照。より近年の研究としてはRandall Lockwood and Frank R. Ascione, eds., *Cruelty to Animals and interpersonal Violence: Readings in Research and Application*（West Lafayette, Ind.: Purdue University Press, 1998）を参照。

▼残酷・親切論の評価

ジョーン・ダネイヤーの引用は彼女の著書 *Animal Equality: Language and Liberation*（Derwood, Md.: Ryce Publishing, 2001), 107 より。

ここに抜粋したドニー・タイス、アレック・ウェインライトのインタビューは Gail Eisnitz, *Slaughterhouse: The Shocking Greed, Neglect, and Inhumane Treatment inside the U.S. Meat Industry*（Amherst, N.Y.: Prometheus Books, 1997), 97-98 より。

功利主義

倫理と動物に関するピーター・シンガーの見解は *Animal Liberation* ならびに *Practical Ethics*（Cambridge: Cambridge University Press, 1979）を参照。交換不可能性と殺しの悪に関するシンガーの見解は新しい著作において進化している。

R・G・フライの関連文献では *Interests and Rights: The Case against Animals*（Oxford: Clarendon Press, 1980）や *Rights, Killing, and Suffering*（Oxford: Basil Blackwell, 1983）などがある。

▼功利主義の評価

レイプ事件の詳しい検証は Bernard Lefkowitz, *Our Guys: The Glen Ridge Rape and the Secret Life of the Perfect Suburb*（Berkeley: University of California Press, 1997）を参照。

悪の選好については、権利侵害と結び付かない選好を含めた説明もありうる。例えば芸術作品を理由なく毀損・破壊する人物は、芸術作品に権利がなくとも、悪の選好にもとづいて行動しているといえるかもしれない。当面の目的を鑑みるに、この問題は留保してよい。ある種の選好が悪となる十分条件を私論が示せたら事は足りる。

シンガーがオンライン上で行なった獣姦擁護は Midas Dekker, Dearest Pet: On Bestiality の書評にみられる（www.nerve.com/Opinions/Singer/ heavyPetting/ で閲覧可）。

『アメリカ統計年鑑』は www.census .gov/prod/www/statistical-abstract-us.html で閲覧可。

第六章　人間の権利

最も関係のあるカント著作は『人倫の形而上学の基礎付け』である（多くの版あり）。カント自身は人間以外の動物に権利を拡張しない。その間接義務論の主張は *Animal Rights and Human Obligations*, 23-24 を参照。

道徳的エリート主義

アリストテレスの著作で、道徳的エリート主義が鮮明に表われている箇所は *Animal Rights and Human Obligations*, 53-56 に抜粋。

人格

『人倫の形而上学の基礎付け』を参照。

道徳哲学で人格が過度に重視されていることについて、より詳しくは拙論 “Putting People in Their Place,” *Defending Animal Rights*（Urbana: University of Illinois Press, 2001）, 86-105 を参照。

▼ウィローブルックの子供たち

ウィローブルックの子供たちに実施された研究の有用な分析としては David J. Rothman and Shelia Rothman, *The Willowbrook Wars*（New York: Harper & Row, 1984）がある。B型肝炎の症状は同書二六八頁に述べられている。

▼生の主体

ビル・ローソンによる語彙の溝の議論としては、"Moral Discourse and Slavery," Howard McGary and Bill Lawson, eds., *Between Slavery and Freedom: Philosophy and American Slavery* (Bloomington: Indiana University Press, 1992), 71-89 を参照。胎児と新生児の脳発達に関する網羅的レビューとして "Pre- and Perinatal Brain Development and Enculturation: A Biogenetic Structural Approach," superior.carleton.ca/~claughli/ dnart1a.htm を参照（充実した資料一覧あり）。著者はいう。

> 出生前・周生期心理学の論文（認知心理学・発達心理学・発達神経心理学・心理生物学・社会心理生物学・臨床心理学の知見も含む）は今や、胎児と幼児の知覚・認知機能がかつて考えられていたよりも遥かに発達していることについて、充分な証拠を提供している。この証拠から察するに、後期胎児・新生児・幼児は、出生前と周生期の神経認知発達を経て形成された構造のもと、経験世界を「既にあるもの」として受け取る。例えば事物、事物の諸関係、顔や話し声は、新生児にとって既に意味をなすものとなっている。

権利論への反論

R・G・フライの批判は "Autonomy and the Value of Life," *Monist* 7, no. 1 (1987): 58 にみられる。

Peter Singer, "Utilitarianism and Vegetarianism," *Philosophy and Public Affairs* 9, no. 8 (Summer 1980): 326. シンガーはこの点について "Sidgwick and Reflective Equilibrium," *The Monist* 58, no. 3 (July 1974)、特にその 515-17 で詳しく論じている。

Dan Brock, "Utilitarianism," in Tom Regan and Donald VanDeVeer, eds., *And Justice for All* (Towata, N.J.:

Rowman & Littlefield, 1981), 223.

直観への依拠をめぐる詳しい議論と擁護については *The Case for Animal Rights* の第四章を参照。

権利論に反対し、内在的価値を情感なき自然にまで拡張することを唱える哲学者は多い。注目すべきものとして Holmes Rolston, III, *Environmental Ethics: Duties to and Values in the Natural World* (Philadelphia: Temple University Press, 1988); J. Baird Callicott, "Non-Anthropocentric Value Theory and Environmental Ethics," *American Philosophical Quarterly* 21 (1984): 299-309; Paul Taylor, *Respect for Nature* (Princeton: Princeton University Press, 1986) がある。こうした企ての成功を疑う批判的な私論として "Does Environmental Ethics Rest on a Mistake?" *The Monist* 75 (1992): 161-82 を参照。

第七章　動物の権利

より徹底した動物の権利擁護論は *The Case for Animal Rights* で行なった。同書は権利の衝突をどう解決するかという、本書で論じなかった問題をも扱う。

動物の権利に関するオンライン上の優れた図書目録として "The Moral Status of Animals," compiled by Lawrence M. Hinman at ethics.acusd.edu/ Applied/animals および "Hippias: Limited Area Search of Philosophy on the Internet" at hippias.evansville.edu/search.cgi?animal+rights の二つがある。

第八章　反論と回答

宗教的反論

▼「動物は魂を持たない」

動物が魂を持つか否かは盛んに議論されている問いである。何名かの高名な神学者は肯定的な答を示している。ジョン・ウェズリーの見解も含む関連文献の抜粋集として、Tom Regan and Andrew Linzey, eds., *Animals and Christianity: A Book of Readings*（New York: Crossroad, 1989）を参照。

哲学的反論

哲学的反論に対するさらなる反論としては "The Case for Animal Rights: A Decade's Passing," Richard T. Hull, ed., *A Quarter Century of Value Inquiry: Presidential Addresses of the American Society for Value Inquiry*（Amsterdam: Rodopi, 1994）, 439-59 を参照。本論文は *Defending Animal Rights*, 39-65 にも収録されている。

▼コーエンによる第一の反論

雌ライオンとシマウマの赤子に関するくだりは Carl Cohen, *The Animal Rights Debate*, 30-31 にみられる。

▼コーエンによる第二の反論

コーエンの《正当な部類》論は *The Animal Rights Debate*, 37 に現われる。

▼コーエンによる第三の反論

コーエンの《共同体》論は "Do Animals Have Rights?" *Ethics and Behavior* 7, no. 2: 94-95 に現われる。

コーエンの反論に対する私の応答は、Carl Cohen and Tom Regan, *The Animal Rights Debate*, 271-84 で示したコーエンの見解に関する私論をもととする。

第九章　道徳理論と課題

▼不整合の甘受

アールークとサンダースの引用は、順に Arnold Arluke and Clinton Sanders, *Regarding Animals*（Philadelphia: Temple University Press, 1996）の 190 および 188 より。

▼希望の根拠

アメリカの年間食肉消費量に関する情報は農務省経済研究局の“Food Consumption Overview”にもとづく（www.ers.usda.gov/briefing/ consumption/overview.htm で閲覧可）。

欧州連合による化粧品試験の見直しに関する情報はイギリス動物実験廃絶連盟のウェブサイト（www.buav.org/f_campaign.html）でみられる。

『ロサンゼルス・タイムズ』その他の世論調査は Harold Herzog, Andrew Rowan, and Daniel Kossow, “Social Attitudes and Animals,” *The State of Animals*, 2001 で論じられている（files.hsus.org/web-files/ PDF/MARK_State_of_Animals_Ch_03.pdf から入手可）。

解題

本書は動物の権利哲学を確立した故トム・レーガン（一九三八～二〇一七）の、初の邦訳書である。人間以外の動物たちが一定の権利を有するのではないか、という問題は、早くも一九世紀頃から欧米圏の一部知識人らによって議論されてきたが、現代の社会正義で用いられる不可侵の権利概念によって、動物の権利を哲学的に基礎づけたのが、本書の著者、トム・レーガンだった。その枠組みは今日世界中で進められる動物の権利運動を根底で支え、これを単なる飼育動物の境遇改善とは異なる、急進的な動物搾取廃絶の取り組みとしている。さらに、ここ数年で急速に広まった消費者運動としての脱搾取《ビーガニズム》も、動物の権利擁護を中心理念に据える。レーガンの哲学はいわば、今日的な動物擁護の原点であり、ピーター・シンガーの功利主義哲学（後述）とともに現代動物倫理学の双璧をなす。

本書はレーガン自身がみずからの哲学体系を平明に説き起こした好著である。レーガンの代表作としては、一九八三年に書かれた『動物の権利擁護論』（*The Case for Animal Rights*）ならびに本書の姉妹編として書かれた二〇〇四年の著作『空《から》の檻』（*Empty Cages*）が有名であり、これらに比べると本書の知名度はやや低いが、日本に紹介する一冊として、あえて訳者が本書『動物の権利・人間の不正』を選んだのには理由がある。『動物の権利擁護論』はレーガンの理論を最も詳細に体系化した四〇〇頁超の大著であり、動物倫理学を本格的に研究する上では避けて通れない文献であるが、複雑長大な構成ゆえに、哲学的な素養と相当の熱意がなければ通読できない代物となっている。他方、『空の檻』は自伝的な要素も交えつつ、動物擁護の考え方をやさしく解説した愛すべき啓蒙書であり、海外では動物倫理学の人気の教科書にもなっている。しかし同書で扱われている主題の大部分、とりわけ動物搾取の現状については、ここ数年で出版された日本の類書で充分に学べると思われる。日本に欠けているのはむしろ理論書であり、その面で『空の檻』はやや簡略すぎるきらいがある。

本書『動物の権利・人間の不正』は、右の二作の中間に位置し、二作の長所を併せ持つ。本書は『動物の権利擁護論』よりも遥かに短いが、理論の骨子は充分に解説されている上、むしろ前著の無駄を捨て去り必要な部分を再構成したことで、内容的にはより良いものに仕上がっている。思想の洗練度を考えても、『擁護論』から二〇年の歳月を経て書かれた本書のほうが一段進歩しているのは当然だろう。かたや『空の檻』を彩るユーモアや情熱は本書にも込められ、これを専門性がありながら一般読者にもなじみやすい作品としている。今後、他の著作が邦訳されるか定かでない中、一冊にしてレーガンの醍醐味を伝えるという意図から、訳者が本書を選んだゆえんである。この出版を機に、現在少しずつ盛り上がりをみせている動物倫理学の国内議論が、さらに発展することを願ってやまない。

*

ここでレーガンの哲学が生まれた歴史的文脈に触れておきたい。動物の権利哲学は動物倫理学の中核をなし、動物倫理学は一九六〇年代以降の欧米圏で活発化した動物擁護運動を背景に形づくられた。そしてこの動物擁護運動の隆盛は、同時代に起こった権利革命（the rights revolution）の一環と位置づけられる。[1]

二度の世界大戦を経て米ソの冷戦を迎えた欧米諸国では、道徳観念が後退し、民主主義が危機に陥っていた。戦争に動員された女性たちは再び家事労働に縛られ、アフリカ系アメリカ人は組織的な人種差別の暴力に見舞われ、同性愛者たちは度重なる警察の襲撃によって居場所を奪われていた。こうした状況のもと、抑圧される人々はほぼ同時期にみずからの権利を訴え始め、第二波フェミニズムや公民権運動や同性愛者解放運動といった新時代の社会正義を生んだ。この時、正義運動の哲学的基盤に大きな変化が訪れる。

戦後の欧米圏で倫理学と社会改良論の主流を占めていたのは功利主義と呼ばれる立場だった。これは一八世紀のイギリスで哲学者ジェレミー・ベンサムによって確立された理論であり、「最大多数の最大幸福」という有名な文言が表わす通り、人々の利害を合計した時に最良の結果をもたらすと思われる行為や政策を善と位置づける枠組みである。この考え方にしたがうと、例えば一握りのエリートを利する目的で残り多数の人々に大きな負担を課す政策や、犯罪の抑止効果を超えて不必要な苦しみを生む刑罰は悪ということになる。功利主義は合理的な社会を構想するのに適した思想ということで、ベンサムの創始以降、一時は下火になることもあったが、社会改良を唱える知識人らの粘り強い支持を得続けてきた。戦後の主な功利主義者としては、リチャード・ヘアやリチャード・ブラント、後に反功利主義の立場へと転向するジョン・ロールズなどがいる。

しかし功利主義は、社会の多数派を占める人々が抑圧されている時には改革を求める強力な論拠となるが、少数派を守るには適していない。例えば父権制が根を下ろした社会で、それをよしとしない少数の女性たちが既成秩序の転覆を求めたとしても、大多数の者が現状維持を望むなら、功利主義は最大多数の最大幸福を追求するという原則のもと、後者、すなわち現状維持の路線を擁護する。他の少数派の処遇についても同様の決定がなされるのはいうまでもない。加えて、功利主義にしたがうならば理論的にはあらゆる暴力形態が容認されうる。重要なのは個々人の利害ではなくその合計なので、人々の利害を全て考え合わせた際に最良の結果が望めるのであれば、少数者を迫害ないし抹殺することも容認されうる。そして実のところ、国家による暴力などの大々的な人間抑圧は、それに伴う犠牲と負担を補って余りあるだけの利益が得られるという功利主義的な論理のもとに正当化されてきた。こうした主張は、人々の利害を集計する際に、ある人々の利害を大きく見積もり、ある人々のそれを小さく見積もるといった不正に根差す場合もある。が、そもそも各個が被る利害の大きさを客観的に数量化する方法はなく、それもまた功利主義の限界を示している。

様々な問題を抱えた功利主義に代わって必要とされたのが、不可侵の権利概念だった。人が有する利益の中には、最大多数の最大幸福と引き換えても守られなければならないものがある。例えば生きられることや抑圧から自由でいることは、性・人種・能力・その他の違いに関係なく、私たち全てにとって最も基本的な利益であり、これを侵害する行ないは、その結果として他の者たちにどれほどの幸福をもたらすとしても、不正とされなければならない。このような人々の基本的利益を守るために設定される防壁としての概念が、不可侵の権利、あるいは道徳的権利といわれるものである。それは他の者たちの便益を高めるために個人の利益が犠牲とされる事態を防ぐことから、功利性を乗り越える切り札とも位置づけられる。[2] 少数派に属する人々の解放運動は、功利主義ではなくそれを乗り越える権利の理論に支えられた。六〇年代の社会変革が権利革命と呼ばれるゆえんである。

動物擁護の理論は、同時代に勢いを得た草の根努力を追って、一九七〇年代以降に形成された。哲学者ピーター・シンガーの主著『動物の解放』がその先駆けとなったことはよく知られている。同書は瞬《また》く間《たた》に多くの活動家たちから賛同を集め、動物擁護運動の理論的土台を占めるに至った。しかし問題は、シンガーの枠組みが功利主義にもとづいていたことにある。シンガーが主張したのは、動物たちの利害も人間の利害と同様に評価すべきであり、そうすると動物搾取は動物たちの不利益が大き過ぎて最大多数の最大幸福に反する、ということだった。動物たちの利害を正当に評価せよと求めた点でシンガーは正しかったが、当然その枠組みは右でみたような功利主義特有の限界に行き当たる。世界に暮らす圧倒的多数の人間が動物搾取から恩恵を得る中、なおも動物たちの基本的利益を守ろうと思えば、抑圧される人々の解放運動と同様、権利の枠組みが求められる。シンガーの哲学を基盤とする当時の動物擁護運動は、既に動物の権利運動と称されていたが、皮肉にもそこに確固たる権利の理論はなかった。

トム・レーガンはシンガーからの決別を通し、動物擁護運動が必要としていた不可侵の権利概念を一から構築した。これは文字通り、一からである。従来、万人に具わる道徳的権利は神や自然のたまものとみなされてきた。このあやふやな基盤ゆえに、権利は総じて特権的な人間集団にしか認められてこなかった歴史を持つ。権利革命は、周縁化された人々が特権者と変わらない一介の人間として、権利の拡張を求める取り組みだった。しかし動物の権利を唱えるとなれば、もはや人間が人間であるだけで有する天賦の権利などというフィクションに頼ることはできず、代わりに、そもそも権利とは何か、誰がそれを有するのか、そしてそれはなぜか、といった点を筋道立てて説明し、その上で、くだんの説明を受け入れるならば動物に権利があることを認めなければならない、と論じる必要がある。優れた洞察と思考、およびそれに劣らぬ持久力が要されるこの厄介な作業を成し遂げたのがレーガンだった。その具体的な議論は本書で展開されている通りである。レーガンの功績によって、動物たちの解放を訴える社会変革の取り組みは、レトリックを超えた真の意味での動物の権利擁護へと生まれ変わった。

＊

動物倫理学は最も洗練された道徳哲学の体系に数えられるだろう。私たちの道徳思考は実のところ、徹底した検証を経ずに自明視された様々な前提を含んでいる。人権の普遍性、道徳的配慮の射程、行為の善悪を分かつ条件、等々に関する想定もその例である。理性の哲学者の代表ともいうべきイマヌエル・カントですら、本書で批判されているように、尊厳を有するのは理性的・自律的人間のみであるという危うい独断に囚われていた。動物倫理学はこれまで当たり前とされてきたそのような諸前提を、動物の道徳的地位を問うという切り口から再考にかける。この議論に向き合うならば、私たちは道徳についての考え方を根底の部分から総点検し、その不備を捨て去り、説明されていなかった事柄に説明を与え、正当と思われる説を改めて一歩ずつ組み立て直していく必要がある。そうして再構築された理論は、人ならぬ動物たちの擁護だけでなく、人間の擁護を考える上でも、従来の倫理学説以上に盤石な基礎となるだろう。本書は「道徳哲学入門」との副題を持つが、それもゆえなきことではない。

レーガンの主著『動物の権利擁護論』は、一九世紀の哲学者ジョン・スチュアート・ミルの言葉とともに始まる。「あらゆる偉大な運動は三つの段階を経なければならない――嘲笑、論争、受容」

と。[3] 事実、動物擁護の理論と運動は、人々の生活習慣に異議を突き付けるものであるため、嘲笑という形の反発を招きやすい。だからこそレーガンや彼に前後して現われた動物擁護派の思想家たちは、努めて独断を排した堅実な議論に徹してきた。その甲斐あってこの主題は、地域差こそあれ、もはや嘲笑の段階を通り越し、論争の段階へ入りつつある。おそらくそう遠くない将来、先進的な地域では動物擁護が世間の多数派に受容される段階を迎えるだろう。日本の歩みは遅々としているが、この数年でようやく動物倫理学も正統な学問的地位を築いた感がある。もちろん、今後の趨勢《すうせい》は私たちがいかに先人らの遺産を受け継ぎ、その深化と発展を図っていくかに懸かっている。そこで最後に、この闘いが必ずいつか動物たちの良き将来を実現することを願いつつ、『空の檻』の一節を引いて結びに代えたい。

より良い世界を信じる私たちの思いは、深く歴史に根差している。かつては、アメリカ先住民やアフリカ系アメリカ人、女性、精神障害者、身体障害者、等々の平等な権利を実現することが、ユートピア的かつ非現実的で、望みようがないと大勢に思われていた時代があった。もしも私たちの祖先らが物事をありのままに受け入れ、さらなる平等を求める声に背を向けていたら、多くのアフリカ系アメリカ人は今もなお奴隷化され、女性たちは誰も投票資格を持っていなかったことだろう。なるほど人々の平等を求める闘いは到底完了したとはいえない。なるほど動物の権利擁護派が面する課題は、過去の人権擁護派が面したそれと比べてさえ、なお大きいに違いない。しかしながら、社会に浸透した習慣が変わりうるだけでなく、現に変わったことは歴史が証明している。ただしそれも闘いなしではありえなかった。[4]

*

末筆ながら、本書の翻訳企画を快諾してくださった緑風出版の高須次郎氏、正確な編集作業に携わってくださった高須ますみ氏、魅力的な装丁をデザインしてくださった斎藤あかね氏、および息子の仕事を誰よりも理解し常に支えてくれる母に、心からの感謝を込めてお礼申し上げます。

二〇二二年二月

井上太一

1　以下、本節の記述は主としてWill Kymlicka and Sue Donaldson (2018) "Rights," in Lori Gruen ed., *Critical Terms in Animal Studies*, Chicago: University of Chicago Press, pp.320-36およびDavid Miller and Richard Dagger (2006) "Utilitarianism and Beyond: Contemporary Analytical Political Theory," in Terence Ball and Richard Bellamy eds., *The Cambridge History of Twentieth-Century Political Thought*, New York: Cambridge University Press, pp.446-70を参照している。権利革命についてはSamuel Walker (1998) *The Rights Revolution: Rights and Community in Modern America*, New York: Oxford University Press も参照。

2　この権利分析については David DeGrazia (2002) *Animal Rights: A Very Short Introduction*, New York: Oxford University Press, pp.14-6（デヴィッド・ドゥグラツィア著／戸田清訳『動物の権利』岩波書店、二〇〇三年）を参照。

3　Tom Regan (1983) *The Case for Animal Rights, Berkeley*: The University of California Press, p.vi.

4　Tom Regan (2004) *Empty Cages: Facing the Challenge of Animal Rights*, Lanham, MD: Rowman and Littlefield, pp.192-3.

[著者紹介]

トム・レーガン（Tom Regan）

ノースカロライナ州立大学哲学名誉教授。1938年、ペンシルベニア州ピッツバーグに生まれる。『動物の権利擁護論』『空の檻』をはじめ、20冊を超える著書と数百の論文を発表し、動物の権利運動の知的牽引者となる。1985年、妻ナンシーとともに文化・動物財団を共同創設。全米および海外で数百の講演を行ない、２本の映画の脚本執筆と監督で主要な国際アワードを受賞。2001年に教員を引退した後、ノースカロライナ州立大学で最高の栄誉となるウィリアム・クォールズ・ホリデイ・メダルを授与される。同じ年、同大学はレーガンの論文と膨大な蔵書をもとに「トム・レーガン動物の権利アーカイブ」を設立。同コレクションは動物の権利研究における世界最高峰の資料館となる。2017年、肺炎で逝去。享年78歳。英・ビーガン協会はレーガンを「間違いなく世界で最も影響力のある動物の権利の理論家の一人」と称える。

[訳者紹介]

井上太一（いのうえ・たいち）

翻訳家・執筆家。人間中心主義を超えた倫理を発展させるべく、執筆・講演活動ならびに関連文献の翻訳に従事。語学力を活かして国内外の動物擁護団体との連携活動も行なう。ゲイリー·L·フランシオン『動物の権利入門』(緑風出版、2018年)、ディネシュ·J·ワディウェル『現代思想からの動物論』(人文書院、2019年)、ジェイシー・リース『肉食の終わり』(原書房、2021年) ほか、訳書多数。

ホームページ：「ペンと非暴力」https://vegan-translator.themedia.jp/

researchmap：https://researchmap.jp/vegan-oohime

動物《どうぶつ》の権利《けんり》・人間《にんげん》の不正《ふせい》
——道徳哲学入門

2022年5月10日　初版第1刷発行　　定価 2,500円＋税

著　者　トム・レーガン（Tom Regan）
訳　者　井上太一
発行者　高須次郎
発行所　緑風出版 ©
〒113-0033　東京都文京区本郷2-17-5　ツイン壱岐坂
［電話］03-3812-9420　［FAX］03-3812-7262
［E-mail］info@ryokufu.com
［郵便振替］00100-9-30776
［URL］http://www.ryokufu.com/

装　幀　斉藤あかね
制　作　i-Media　　印　刷　中央精版印刷・巣鴨美術印刷
製　本　中央精版印刷　　用　紙　中央精版印刷・巣鴨美術印刷　E1200

〈検印廃止〉乱丁・落丁は送料小社負担でお取り替えします。
Printed in Japan　　ISBN978-4-8461-2206-5　C0036